目指せメダリスト！

Kaggle
（カグル）

実験管理術

着実にコンペで成果を出すためのノウハウ

髙橋 正憲・篠田 裕之 ｜ 著

坂本 龍士郎 ｜ 協力

JN213715

SE
SHOEISHA

AI

良い精度を出すことよりも
良い精度を出すための仕組み作りが大切

　近年データサイエンスを学ぶための機会は増加しています。

　大学などで専門的な教育を受けずとも、専門書籍が初学者向けから中級者／上級者向けまで幅広く出版されており、様々なe-ラーニングでの講座（大学や企業が無償で公開しているものも含め）が存在します。

　またKaggleなどのデータ分析コンペティション（以下コンペ）へのチャレンジを通して具体的な手法やそのプログラミングコードについて学ぶこともできます。これらを通して、確かにデータ分析に関する一通りの考え方やスキルは身に付くでしょう。そしておそらく初学者レベルを脱することはできると思われます。

　しかし、それだけで業務レベルでの開発や分析を十分に行うことができるか、Kaggleで上位に入賞することができるか、と言われると十分ではない点があるように思います。

　例えば業務において決められた納期で十分な精度のモデルが開発できない、あるいは前任者から引き継いだコードの読み解きや精度の再現に苦労したという方もいるでしょう。他にもKaggleでなかなか上位の称号であるメダルが獲得できないという方もいるでしょう。

　コンペに参加した人には以下のような経験があるのではないでしょうか？

- 自己ベストの精度となったモデルの環境や設定・パラメータがわからなくなった。
- 以前まで正常に動作していたプログラムが動作しなくなり、また正常な状態に戻すこともできなくなった。
- 様々な実験を繰り返しているうちに何が効果的かがわからなくなった。

　これらはデータサイエンス初学者から中級者に進む際に遭遇しそうな課題です。

　中級者以上の方はこれらの課題にどのように立ち向かっているのでしょうか？　それは「実験管理/パイプライン構築」です。具体的にはプログラムコードおよび実験の管理となります。その考え方や手順について本書にて詳しく解説します。

　Kaggleにおいて、コンペ開始後1週目、2週目などから中盤、終盤にわたり、各フェーズで必須となる立ち回りがあるとしたら、そしてそれを知ることができたら、非常に強力な武器になると思いませんか？

　上級者が短期間で成果を出すことがありますが、それはこれまでの経験からすでに汎用的な実験管理の環境が構築できているのかもしれません。

　そこで多くのKaggle Competitions Grandmaster/Masterの方にご協力いただき、それぞれの実験管理、パイプライン構築についてインタビューをしてみることにしました。

　彼らの話を聞いてわかったこと、それは成果を出し続けるための仕組み作りでした。

　彼らからいただいた知見を参考にしながらChapter1〜5は執筆しています。またChapter6では彼らへのインタビューを掲載しています。

　何を隠そう、筆者自身が実験管理ができておらず苦戦していました。筆者がKaggleを始めたのは2016年。当時は社内の勉強会でチュートリアルコンペのみ参加しておりました。2018年頃から本格的にメダル対象のコンペに参加し始め2020年に初めて銀メダルを獲りました。現在までに銀メダル7枚、銅メダル9枚。振り返ると、かなり時間がかかっている、苦戦しているほうだと思います。

　本書は筆者自身が「もっと早く知りたかった！」と思える内容を詰め込んで執筆いたしました。改めてこの場を借りてご協力いただいた皆様に感謝いたします。ぜひ皆様にとっても少しでもお役に立てる情報がありましたら幸いです。

執筆陣を代表して
2025年2月吉日
篠田裕之

本書の対象読者と必要な前提知識

本書はデータ分析中級者向けの書籍となります。初学者向けではないため基本的なPythonやデータ分析スキルは習得していることを前提とし、またデータ分析や機械学習モデル構築そのものには触れません。また上級者向けではないため、内容としてわかりやすさ・取り組みやすさを一部優先しています。具体的にはすでにKaggleにチャレンジしているもののなかなかメダルが獲得できない方、銅メダルは獲得できていて、さらに銀メダル以上を目指したい方を想定しています。

本書の主な特徴

本書はデータ分析の中で特に実験管理について述べている本となります。データ分析上級者が使用している実験管理ツールや使い方を調査し、各ツールの使用例について読者が実行可能な具体的な手順で紹介しています。

また、近年進化の激しい生成AIについてChapterを設け、データ分析に取り組む際やKaggleコンペに参加する際に応用できる様々な利用法を述べています。

実験管理は人によって利用するツールもノウハウも異なります。そのため、最後のChapterでは複数のKaggle Competitions Grandmaster/Masterの方にご協力いただき、皆さんからそれぞれの具体的な実験管理方法をお聞きしています。

本書の開発環境について

本書は表1の環境を基に解説しています。

Kaggle Notebooksを基本としていますが、Chapter1の一部はローカル環境に関わる内容もあるため、ローカルの環境も記載しています。

表1：開発環境

	ローカル (Mac)	Kaggle Notebooks
パイソン		
Python	3.10.0	3.10.12
ライブラリ		
NumPy	1.26.4	1.26.4
PyTorch	2.2.2	2.4.1+cu121
WandB	0.19.1	0.19.1
XGBoost	2.0.3	2.0.3
Transformers	-	4.44.2
Ultralytics	-	8.2.79
LightGBM	4.5.0	4.5.0
scikit-learn	1.4.1.post1	1.2.2
pandas	2.2.1	2.1.4

付属データと会員特典データについて

付属データのご案内

付属データは、以下のサイトからダウンロードして入手いただけます。

- 付属データのダウンロードサイト

  URL https://www.shoeisha.co.jp/book/download/9784798187457

注意

付属データに関する権利は著者および株式会社翔泳社が所有しています。許可なく配布したり、Webサイトに転載することはできません。

付属データの提供は予告なく終了することがあります。あらかじめご了承ください。図書館利用者の方もダウンロード可能です。

会員特典データのご案内

会員特典データは、以下のサイトからダウンロードして入手いただけます。

- 会員特典データのダウンロードサイト

  URL https://www.shoeisha.co.jp/book/present/9784798187457

注意

　会員特典データのダウンロードには、SHOEISHA iD（翔泳社が運営する無料の会員制度）への会員登録が必要です。詳しくは、Webサイトをご覧ください。

　会員特典データに関する権利は著者および株式会社翔泳社が所有しています。許可なく配布したり、Webサイトに転載することはできません。

　会員特典データの提供は予告なく終了することがあります。あらかじめご了承ください。図書館利用者の方もダウンロード可能です。

免責事項

　付属データおよび会員特典データの記載内容は、2025年2月現在の法令等に基づいています。

　付属データおよび会員特典データに記載されたURL等は予告なく変更される場合があります。

　付属データおよび会員特典データの提供にあたっては正確な記述につとめましたが、著者や出版社などのいずれも、その内容に対してなんらかの保証をするものではなく、内容やサンプルに基づくいかなる運用結果に関してもいっさいの責任を負いません。

　付属データおよび会員特典データに記載されている会社名、製品名はそれぞれ各社の商標および登録商標です。

著作権等について

　付属データおよび会員特典データの著作権は、著者および株式会社翔泳社が所有しています。個人で使用する以外に利用することはできません。許可なくネットワークを通じて配布を行うこともできません。個人的に使用する場合は、ソースコードの改変や流用は自由です。商用利用に関しては、株式会社翔泳社へご一報ください。

2025年2月

株式会社翔泳社　編集部

CONTENTS

CHAPTER 0 初学者がKaggleを始めて
メダルを獲るまでの取り組み方の推移 　　001

CHAPTER 1 実験管理とは　　011

CHAPTER 6 　Kaggler インタビュー 　　　　　183

CHAPTER 0

初学者が
Kaggle を始めてメダルを
獲るまでの取り組み方の推移

本 Chapter では筆者自身の Kaggle への挑戦の歴史を共有する
ことで、実験管理の効用や本書の活用の仕方について
より具体的にイメージしていただこうと思います。

0.1 機械学習初学者の頃のKaggleの取り組み

　筆者（篠田）は大学院ではコンピュータサイエンスが専門であったものの、ソフトウェア開発が中心で、機械学習は独学で社会人になってから学び始めました。初参加したKaggleの "Mercari Price Suggestion Challenge"（ URL https://www.kaggle.com/competitions/mercari-price-suggestion-challenge）で銅メダルを獲得することができたものの、その後はなかなかメダルを獲得できない時期が続きました。

　ただし、メダル獲得や順位などの結果は重要ですが、初学者だった時の自分に対して結果よりも大きな問題だと思うことは、当時自分が何をしていたのかを振り返ることができないことです。

　どのような機械学習モデルを用いてどのような処理を行い、それらの過程でどのように精度が更新されていったのか、最終のもの以外はコードもモデルも結果も今や何も残っていません。

　当時、筆者は同じファイルで1つのコードを更新していました。そのためある時点の状態にコードを戻すということが大変困難でした。

　また上記のようなやり方では結果が悪くなった実験はコードに残っていかないため、コンペの途中から何をやったらうまくいくのか、いかないのか自分の中で不明瞭になっていきました。

　その他、データ分析用の処理と学習、予測のコードが混在していたり、関数名や変数名の規則がなく、時間が経つと自分でも処理を理解しづらかったりといったことがありました。

　それゆえ必要に応じて過去の自分のコードをいちいち探してはみるものの、結局見つからずに最初から実装し直すということが頻発しました。このようなことは恥ずかしい限りですし、非常に極端に聞こえるかもしれません。

　しかし、今でもこれらの問題の対応の仕方は試行錯誤中です。

0.2 実験管理方法の推移

　何度かのKaggleへの参加を経て、コードのバージョン管理および実験ごとの様々な結果をテキストファイルで記録・管理し始めました。

　ただ、当時は実験管理ツールなどは使用しておらず、実行ファイルで出力されたlossの推移などのログをすべて手動でメモ帳に記載していました。当然ですが非常に手間がかかりました。それでも、ようやくKaggleの取り組み方について自分なりのスタイルができ始めたことで、各参加コンペにおいて最終順位が上がり始め1年間で4枚の銀メダルを獲得しました。以降の取り組みは、今でも振り返ることが可能です。

　その後、徐々に実験管理ツールをメモ帳からスプレッドシート、さらにNotionに移行しました（図0.1）。これは好みによるところだと思いますが、個人的には非常に実験管理が楽になりました。

1件選択済み	≡ Submit	# Ver	≡ description	# new_LB2	# new_CV5	≡ 考察 🗑 ⋯	# new_LB2
_note_ver37	_ver002		19	ver30を新データ2でもう一度学習			0.396
_note_ver39	_ver002		18	ver32を新データ2でもう一度学習			0.407
_note_ver39	_ver002		20	ver39で210以降のデータでfold5を追加			0.368
_note_ver40	_ver003		38	ver38にdropout、lstm追加、fold6を追加			0.115
_note_ver42	_ver003		43	nnアプローチを1dcnnとして実装	: 1fold		0.259
_note_ver43	_ver003		46	ver41から　　　　　追加			0.076
_note_ver43	_ver003		47	ver41から　　　　　追加（submit時のバグ修正＝データ変換漏れ対応）			0.269
_note_ver43	_ver003		48	ver41のsub時のアンサンブルバグ修正（そもそも学習が過学習かも。trainだけではなくvalidもみる）			0.283
_note_ver44	_ver002		22	ver39を			0.398
_note_ver45	_ver002		23	ver39に対してver24のppパラメータ調整			0.411
_note_ver46	_ver003		50	ver43からmodel arch変更：1fold / epoch1			0.279
_note_ver46	_ver003		51	ver43からmodel arch変更：5fold / epoch1			0.336
_note_ver47	_ver003		29	ver45から　　　　　特徴量追加			0.263
_note_ver48	_ver002		30	ver45からlrも含めて　　　　　でoptuna			0.383
_note_ver49	_ver003		52	ver46から　　　　　に変更：1fold / epoch1			0.345
_note_ver49	_ver003		54	ver46から　　　　　に変更：5fold / epoch1			0.337
_note_ver50	_ver003		55	ver49にもう1epoch追加（2倍のbatch sizeで）：1fold / epoch1			0.338
_note_ver53	_ver002		31	ver45にさらに　　　　　paramはそのまま			0.381
_note_ver53	_ver002		33	全データで5fold /			0.348
_note_ver54	_ver002		34	ver53からver39のrolling特徴量追加			0.354
_note_ver55	_ver002		35	ver54からtrainとtestで共通の無駄な対象期間を除去する処理追加			0.405
_note_ver58	_ver002		36	ver55から　　　　　に変更			0.407
_note_ver59	_ver002		37	ver58からpredを　　　　　うえでpp			0.432

図0.1：Notionでの実験管理例

0.3 Kaggleコンペ参加のハードル

　これまで様々な種類のKaggleコンペに参加してきて徐々に機械学習やKaggleに慣れてきたものの、数々の壁に直面していました。

　まずは入口のところでコンペごとの目的やデータ内容など、概要を理解することに苦労していました。これは、英語の言語ハードル、医療系や宇宙系などコンペごとの専門知識によるドメインハードル、評価指標など機械学習ハードルの3つがあると思います。特に各コンペの背景となる専門知識は、いつも調査に時間を要し、コンペ選びに苦労していました。

　次に、ローカル環境とKaggle環境の違いによって発生するバグを含め、様々な種類のエラーに悩まされていました。あるエラーを解決すると次のエラーが出ることがあったり、そもそも明確なエラーメッセージが出ず、出力結果がおかしいということもあったりします。

　それらをWebで類似事例を検索しながら解消していくことはかなりの時間を要しました。

　今では生成AIなどを駆使することでこれらの問題はかなり解消されやすくなっているのではないでしょうか。この詳細はChapter3にて紹介します。

0.4 チームでの実験管理

　筆者はこれまで33個のKaggleコンペに参加してきました。その中で24コンペがソロでの参加でした。これは特にこだわりがあったわけではなく、単純にKagglerの知り合いがいなかったこともあり、チームマージのお誘いを躊躇していたためです。

　それでも最近は徐々にチームでの参加も増えてきました。チームを組む相手は各コンペでその時点で近い順位にいる方が多く、日本の方か海外の方かは気にしません。最近は翻訳ツールが便利ですし、Kaggleをやる上でのコミュニケーションで困ることはないからです。

　言うまでもないことですが、チームで参加することには様々なメリットがあります。まずは同じ問題に対する他の人のアプローチをコンペ中に知ることができるのは大きなアドバンテージとなるだけではなく、学習という意味でも大変有益です。

　KaggleにおいてDiscussionを読まない方はいないと思いますが、チームでもう1つDiscussionを手に入れることができる感覚があります。

　また、筆者の場合はチームへの共有（図0.2）やチームメンバーのアイデアを取り入れることを通して、自分のコードやパイプライン、実験管理の仕方を見直すきっかけになっています。

mirandora 21:42

I'm still working on improving, but currently I got 0.75771.

One of my improvements is about loss function.

- mse loss (CV:0.7425)
- huber loss (CV:0.7569)
- log cosh loss (CV:0.7599)

My custom loss is as below.

```
def CustomWeightedLoss(y_true, y_pred):
    weight = jnp.array(weights, dtype=jnp.float32)
    weight = jnp.where(weight == 0, jnp.zeros_like(weight), jnp.ones_like(weight))
    weight = weight.reshape(1, -1)
    weight = jnp.tile(weight, (batch_size, 1))

    y_pred = y_pred * weight
    y_true = y_true * weight

    #loss = keras.losses.mean_squared_error(y_true, y_pred)
    #loss = keras.losses.huber(y_true, y_pred)
    loss = keras.losses.log_cosh(y_true, y_pred)

    return loss
```

I can try "huber loss" and "log cosh loss" with simple code changes using keras.

This may be an improvement that depends on my model architecture.

but anyway, I would like to share it.

👍 1   🙌 1   🙏 1   ☺

図 0.2：Slack上でのチームメンバーとのやり取りの例

0.5 Kaggleを通して学んだ実験管理の重要性

　ここまで、筆者自身のKaggleの取り組みの推移を紹介しました。

　その上で筆者自身が考える実験管理とは、ある仮説があり、その仮説に基づいた処理があり、その処理を加えることで加える前と比較してどのようなアウトプットの変化が起きたかを考察する、その一連の流れを適切に管理することだと思います。つまり「何を考えて」「どのような処理を」「どのようにコーディングして」「どのような結果になって」「その結果から何を考察したか」を整理することです。

　上記は「TODO・仮説の管理」「コード・モデルの管理」「出力結果の管理」と言えるかもしれません。これは、精度が上がる実験だけではなく下がるものも重要ということです。

　Kaggleコンペの上位解法を見た際に、「こんなアイデアは思いつかなかった」ということもあれば「自分もこのアプローチを試したのに全然うまくいかなかった」ということもあるのではないでしょうか。精度が下がった実験は上がった実験と比較して結果を雑に扱いがちかもしれません。

　しかし本書の執筆を通じて筆者がKaggle Competitions Grandmaster/Masterの方々から学んだことの1つは、なぜ精度が下がったのか、下がることに仮説・原因は考えられるか、それは当初の仮説と矛盾しないか、などを丁寧に考察していく思考とコーディングの粘り強さでした。

　しかしそれらの実験結果は、都度メモを取るには手間がかかります。認知しやすいように整理する必要もありますし、振り返りやすいように検索性を高める必要もあるでしょう。

　そこで本書では実験管理に便利ないくつかのツール・ノウハウを紹介していきます。

0.6 Kaggleにおける実験管理の全体像

　このように、自身の経験を通して実験管理の重要性を痛感してきたわけですが、改めてKaggleにおける実験管理を全体像として捉え直すと、その重要性はより明確になります。

　Kaggleでは、コンペに参加してから「コンペ理解 → EDA（Exploratory Data Analysis、探索的データ分析）→ ベースライン作成 → 提出 → 改善」という一連の流れを行います。筆者自身のKaggleにおける取り組みをこの流れに沿って整理すると図0.3のようになり、各フェーズで何を管理し、どのように調査し、どのようにドキュメントとして整備すべきかという実験管理の全体像が見えてきました。

　また、Kaggleにおける実験管理は、コンペの開始から終了までで完結するものではないのかもしれません。まず、コンペに参加するたびに調べたことや検証したこと、うまくいったアイデアなど経験が蓄積されドキュメントとして残ります。コンペ終了後には、上位解法からの振り返りやLate Submissionでの検証を行い、次回の類似コンペで活用できるようにコードを整理します。この振り返りを繰り返すことで、新しいコンペに参加する際には、ドキュメントツールには過去の知見が蓄積され、コード管理ツールには再利用可能なコードや実験管理のパイプラインが構築されているはずです。

　つまり、Kaggleにおける実験管理の全体像は、単にコンペ期間中の管理に留まりません。コンペ参加時点ですでに過去の蓄積による差が生じていることもあり、その差を埋めるためにはコンペが終わったあとの取り組みも重要になるかもしれません。

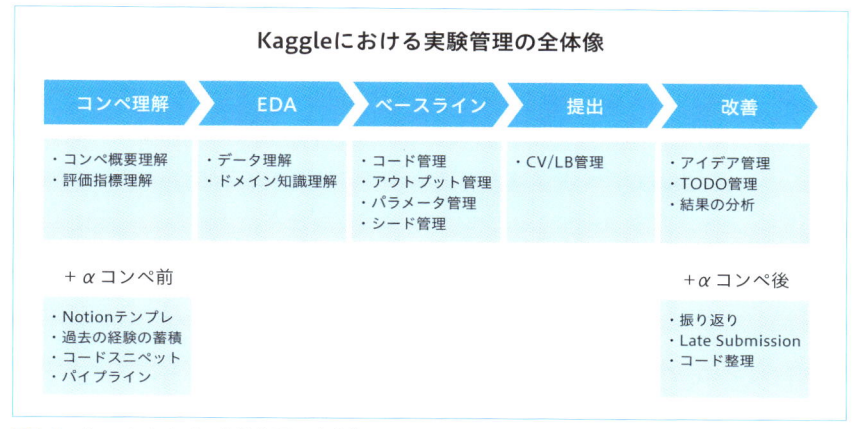

図 0.3：Kaggle における実験管理の全体像

0.7 本書の構成と活用の仕方

Chapter1 ではまず実験管理の考え方を紹介するとともに、コードの整理やディレクトリ構成の例などについて述べていきます。

Chapter2 では具体的な実験管理ツールとその使用方法を紹介します。

Chapter3 では近年重要になっている生成AIの活用例について紹介します。

Chapter4 では過去のコンペを題材として、Chapter1〜3で紹介したことについてより詳細に実践的な流れに基づいて紹介します。

Chapter5 ではチームでの実験管理の方法について紹介します。

Chapter6 ではKaggle Competitions Grandmaster/Masterの方々にそれぞれの実験管理方法についてインタビューしています。

各Chapterは独立しているため、読者の方の状況やスキル、特に気になるトピックなど、どのChapterから読んでいただいても問題ありません。

ツールなどについては2025年1月執筆時点の情報に基づいています。

実践的なノウハウを学んでいただくとともに、ぜひその根底にある考え方を習得いただくとツールが進化したり変わったりしても応用できると思います。

また、Chapter6の上級者のインタビューパートはご自身のスキルの向上とともに何度も読み返すことをお勧めいたします。

それでは次のChapter以降、本書で具体的に実験管理を学んでいきましょう。

## CHAPTER 1

実験管理とは

このChapterでは実験管理の重要性について解説します。

1.1 実験管理の重要性

　機械学習モデルの構築において精度を向上させるためには、多くの実験を繰り返し行う必要があります。データの前処理、モデルの選択、モデルのアーキテクチャやハイパーパラメータの探索、後処理、アンサンブルなど、実験すべきことは無数にあります。世界中のデータサイエンティストが集うデータ分析コンペティションプラットフォーム Kaggle（**URL** https://www.kaggle.com）でも同様です（図1.1）。過去のDiscussionでは、あるトップKagglerがコンペ期間中に1000回もの実験を行ったり、別のKagglerは10日間で414回の実験を積み重ねたりしていたことが報告されています。

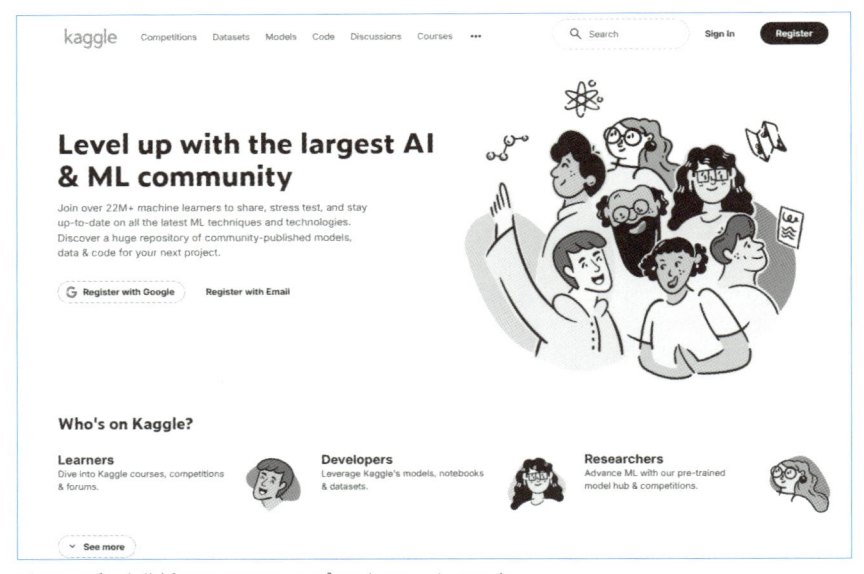

図1.1：データ分析コンペティションプラットフォーム Kaggle

　しかし、このような多数の実験をした場合、それぞれの実験の内容を適切に管理しなければいけません。そうしなければ同じ実験を複数回実施してしまったり、どの実験がスコアアップに貢献したのかを判断できなくなったりします。つまり、次に活かすべき有望なアイデアと、無駄だったアイデアを見分けられなくなってしまうのです。適切な実験を行うことで、スコアを向上させるための重要なポイントを理解することができます。

　上記に併せて、実験が再現できることも重要です。適切に実験が再現できないと、その改善案が効いたのか、たまたまなのかの判断ができなくなります。また、コンペ終盤にはこれまでに実施した複数実験のアイデアを統合したり、複数モデルをアンサンブルしてスコアアップを狙ったりすることもあります。

表1.1：実験管理の課題

実験管理の要素	課題の具体例
コードのディレクトリ構造	• 多数の実験を行うと、コードや設定ファイルが混在し、コードと実験の対応がわからなくなる。 • 過去の特定の実験を再現することが困難になる。 • 実験間でコードが干渉し合い、意図しないバグの原因となる可能性がある。
出力ディレクトリの設計	• 実験結果（学習済みモデル、予測結果など）が散在していると、どの結果がどの実験に対応するのかわからなくなる。 • 結果の比較や分析が困難になる。
実験結果の整理と考察	• 実験数が増えるにつれて、どの実験がどのような設定で、どんな結果だったのか把握しにくくなる。 • 実験結果が整理されていないため、異なる実験間の比較が困難になり、何が効果的なのか分析しにくい。 • 実験の経緯や考察が記録されていないため、あとから振り返ったり、他の人と共有したりすることが難しい。 • CVとLBの乖離など、重要な情報が見落とされ、改善の糸口を見逃す可能性がある。
ハイパーパラメータの記録	• ハイパーパラメータがコード内にハードコーディングされていると、どの実験でどのパラメータを使ったのかわからなくなる。 • コードの可読性が低下する。 • 実験の再現が困難になる。 • パラメータの変更履歴を追跡しにくい。
シード固定の重要性	• 機械学習の実験には乱数が使用されるため、シードを固定しないと、同じコードを実行しても結果が異なる場合がある。 • 実験結果の再現性が保証されないため、アルゴリズムやモデルの正しい評価ができない。

アンサンブルではあえて異なる特性を持つモデルを混ぜることで多様性が生まれスコアのアップを狙えます。しかし、ここでも過去の実験を適切に再現することができなければ、効率的なアンサンブルは望めません。

上記を踏まえ、実験管理には**表1.1**のような課題があります。

これらの課題に適切な解決策を実施することで、効率的な実験管理が実現できます。実験管理を適切に行うことで、実験の再現性が失われたり、進捗管理ができなくなったりするといった破綻を防ぎ、コンペ期間中も途切れることなく継続的な実験を実施できるようになります。以降のSectionでは、それぞれの課題について詳しく説明し、実践的な解決方法を紹介します。

1.2 コードの再現性を高めるための ディレクトリ構造

　機械学習モデルの構築における効率的な実験や振り返りのためには、コードの再現性が非常に重要です。コードの再現性とは、同じ実験を何度実行しても同じ結果が得られる状態を指します。

　再現性を確保するためには以下のポイントを押さえることが必要です。

- シードの固定：ランダムな要素が含まれるアルゴリズムや操作には、ランダムシードを固定して結果の一致を保証する。
- パラメータの保存：使用したすべてのハイパーパラメータや設定を記録し、あとから再現できるようにする。
- 独立したコード管理：実験ごとに独立したコードを作成し、過去の実験との干渉を防ぐ。

　コードの再現性を確保するためのディレクトリ構造として、以下の3つの代表的なアプローチを説明します。

- Gitで管理
- 1実験1Notebook
- 1実験1ディレクトリ

　各アプローチには利点と課題があり、Kaggleのような多数の実験を行う場合には、それぞれ向き不向きがあります。自身のスキルレベル、プロジェクトの規模に応じて、最適な方法を選択することが重要です。

Git で管理

コード管理の基本として、srcディレクトリにpyファイルをまとめ、Git でバージョン管理する方法があります（図1.2）。

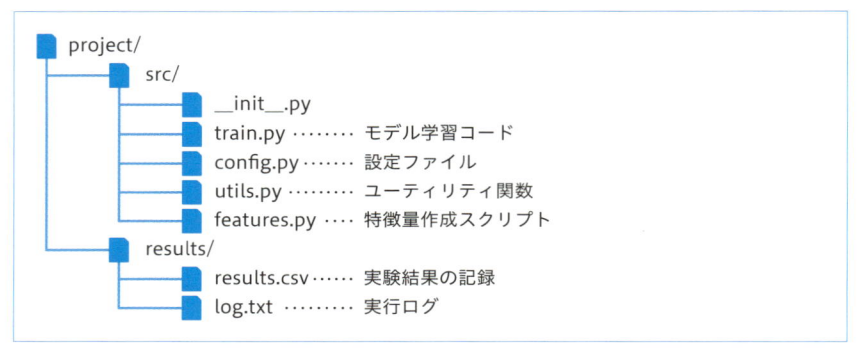

図1.2：一般的なsrcディレクトリ

このディレクトリ構造で実験管理を行う場合、実験が1つ終わるたびにコミットを行い、過去の実験に戻る場合は、`git checkout` を使用して特定のコミットに戻る必要があります。しかし、Kaggleなどでは100回近く実験を行う場合があり、前の実験に戻るたびに`git checkout`するのは非常に手間がかかります。さらに、コミットを忘れてしまうと過去の実験を再現できなくなるというリスクがあります。

1実験1Notebook

Kaggleで広く採用されている方法が、1実験1Notebookです。実験ごとにJupyter Notebookを独立させ、コード・設定・結果をすべて1つにまとめます（図1.3）。

```
experiments/
    exp001.ipynb ·········· 実験ID: exp001 のコードと結果
    exp002.ipynb ·········· 実験ID: exp002
    exp003.ipynb ·········· 実験ID: exp003
```

図1.3：1実験1Notebookの場合のディレクトリ構造の例

リスト1.1 は exp001.ipynb の中身のサンプルコードです。

リスト1.1 exp001.ipynb

```
import random
import os
import numpy as np
# ... 他の必要なライブラリ


class CFG:
    experiment_name = 'exp001'
    seed = 42
    learning_rate = 0.01
    # ... 続きのCFGの設定


# シード固定、データの読み込み・前処理など
# ...


# LightGBM データセットの作成
train_data = lgb.Dataset(X_train, label=y_train)
valid_data = lgb.Dataset(X_valid, label=y_valid, ➡
reference=train_data)


# パラメータ設定とモデル学習
model = lgb.train(
    params,
    train_data,
    num_boost_round=CFG.n_estimators,
    callbacks = [
        lgb.early_stopping(stopping_rounds=CFG. ➡
stopping_rounds, verbose=True),
        lgb.log_evaluation(CFG.log_evaluation),
        wandb_callback()
    ],
```

```
    valid_sets=[train_data, test_data],
)

# 予測と評価
y_pred = model.predict(X_valid, num_iteration=model.➡
best_iteration)
# ... Validationデータでの評価

# テストデータでの予測、結果とモデルの保存
# ...
```

　このように1実験1Notebookにしておくと、ディレクトリの依存関係を気にすることなく、1つの実験が1つのNotebookで完結することになります。Notebookには、その実験に必要なすべてのコード（データ読み込み、前処理、モデル構築、学習、予測など）が含まれているため、Notebookを実行するだけで実験結果を何度でも完全に再現できます。また、実験ごとにコードが独立しているため、他の実験での変更点と干渉することもありません。さらに、exp001の実験が没になれば、新たにexp002を作成し実験を進めることも可能です。このように、実験が独立していることで、管理がしやすく、再現性の高い実験環境を構築できます。

1実験1ディレクトリ

　Kaggleにおける実験では、初期のうちは1実験1Notebookが便利ですが、コード量が増えてきたり、関数やモジュールを切り出したくなったりした場合には、1実験1ディレクトリという方法が有効です。実験ごとにディレクトリを作成し、コード、設定ファイル、結果をまとめて管理します（図1.4）。

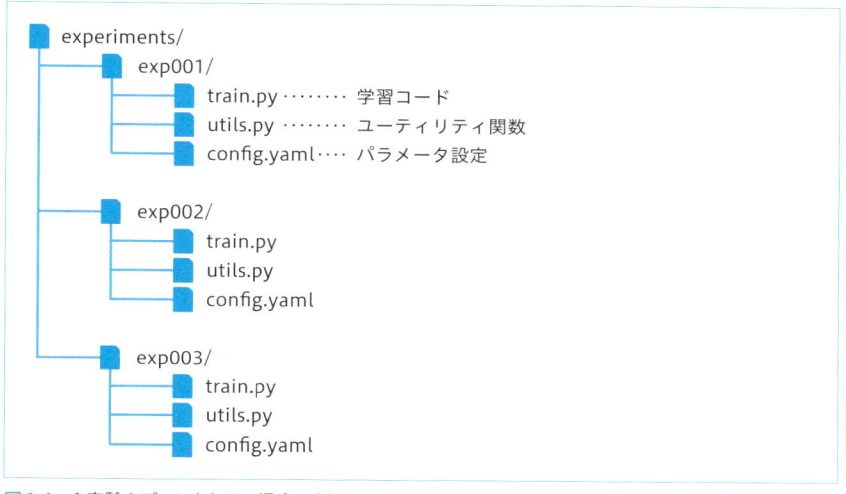

```
experiments/
    exp001/
        train.py ········ 学習コード
        utils.py ········ ユーティリティ関数
        config.yaml···· パラメータ設定
    exp002/
        train.py
        utils.py
        config.yaml
    exp003/
        train.py
        utils.py
        config.yaml
```

図1.4：1実験1ディレクトリの場合の例

　このようなディレクトリ構造は1実験1Notebookの考え方と似ています。exp001/train.pyを実行すれば、いつでもexp001の実験内容を再現できます。

　新しい実験exp002を作成する場合は、exp001のディレクトリをそのままコピーして内容を変更すればOKです。これにより、実験ごとにコードや設定が完全に独立し、他の実験に影響を与えることなく管理することができます。

1.3 実験結果の管理と 出力ディレクトリの設計

実験管理において、コードの再現性を確保することが重要であると述べましたが、それと同様に実験結果の管理も非常に重要です。実験結果が適切に整理されていれば、再現性が向上するだけでなく、過去の成果を効率よく再利用できるようになります。

ここでは、1実験1Notebookや1実験1ディレクトリの考え方を踏襲し、1実験ごとに出力結果を独立したディレクトリとして管理する方法について説明します。

出力ディレクトリの構成例

図1.5のように、resultsディレクトリ配下に各実験IDごとのディレクトリを作成し、学習済みモデルや評価結果を保存します。

このような構造にすると、以下2点のメリットがあります。

- **実験IDと結果が一意に紐づく**
  各実験ごとのディレクトリに結果を保存することで、実験IDと出力結果が明確に対応します。これにより、複数の実験結果を比較する際や過去の成果を振り返る際に混乱がなくなります。
- **ローカルとKaggle環境での連携が容易**
  Code Competitionでは、ローカル環境で学習を行い、Kaggle Notebook上で推論を行う場面がよくあります。この場合、resultsディレクトリをKaggle Datasetとしてアップロードすることで、Kaggle環境で学習済みモデルや結果をすぐに利用できます。

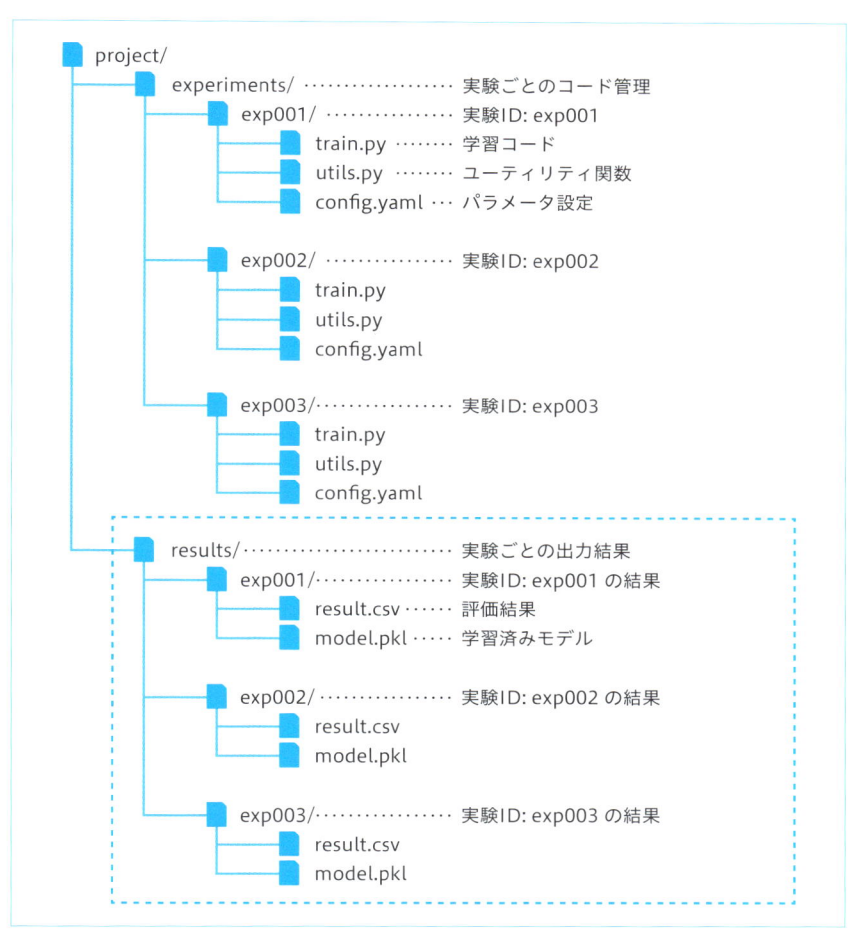

図1.5：出力ディレクトリの構成例

Kaggle Datasetへのアップロード例

　ローカル環境でモデルを学習し、Kaggle Notebook上で推論を行う Code Competitionのケースを考えます。この場合、前述のディレクトリ構造に従ってローカル環境で出力を作成したあと、学習済みモデルをKaggle Datasetにアップロードする必要があります。

　以下では、Kaggle Datasetへの実験結果のアップロード手順を詳しく説明します。なお、Kaggle APIのセットアップは完了していることを前提とします。

ステップ1：出力結果の初期状態

図1.6のようなディレクトリ構造がすでに存在しているとします。

図1.6：初期のディレクトリ構造

ステップ2：Kaggle Datasetの初期化

コマンド1.1を実行して、results/ディレクトリをKaggle Datasetとして初期化します。

コマンド1.1　Kaggle Datasetを初期化するコマンド

```
kaggle datasets init -p results
```

このコマンドにより、results/ディレクトリ内にdataset-metadata.jsonファイルが生成されます（図1.7）。

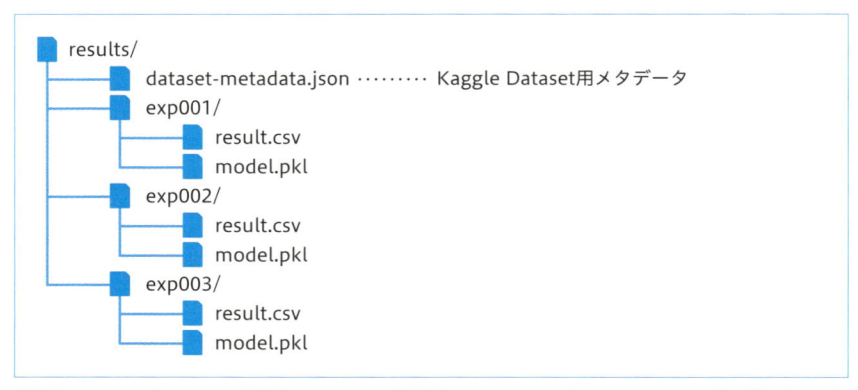

図1.7：Kaggle Datasetを初期化するコマンド実行後、dataset-metadata.jsonファイルが生成される

ステップ3：dataset-metadata.json の編集

dataset-metadata.json の初期状態は**リスト1.2**のようになっています。

リスト1.2 dataset-metadata.json の初期状態

```
{
    "title": "INSERT_TITLE_HERE",
    "id": "<user_id>/INSERT_SLUG_HERE",
    "licenses": [
      {
        "name": "CC0-1.0"
      }
    ]
}
```

リスト1.3は、実験結果をアップロードする場合の編集内容のサンプルです。`title`にはデータセットのタイトルを、`id`にはデータセットのリンクになるデータセット名を記述します。

リスト1.3 dataset-metadata.json の編集例

```
{
    "title": "experiment results sample",    ➡
  # データセットのタイトル
    "id": "<user_id>/experiment-results-sample",    ➡
  # ユーザー名/データセット名
    "licenses": [
      {
        "name": "CC0-1.0"
      }
    ]
}
```

ステップ4：Kaggle Dataset としてアップロード

コマンド1.2を実行して、resultsディレクトリをKaggle Datasetとしてアップロードします（図1.8）。

コマンド1.2 Kaggle Datasetとしてアップロードするためのコマンド

```
kaggle datasets create -p results --dir-mode zip
```

オプションの説明：

- -p results ： results/ ディレクトリを対象にする。
- --dir-mode zip ： ディレクトリ内を圧縮してアップロードする。

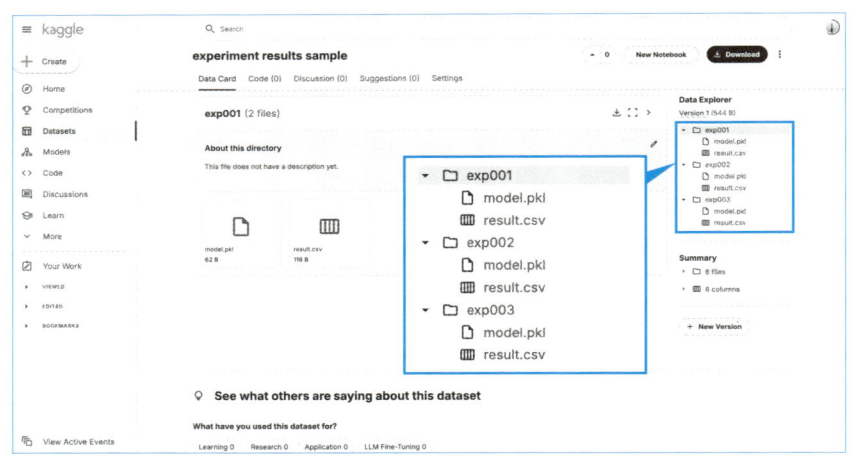

図1.8：Kaggle Datasetのアップロード結果

ステップ5：Datasetを更新

新しい実験結果としてexp004が実行されたとします。新しい成果物が追加されたあとのresults/ディレクトリ構造は図1.9の通りです。

図1.9：exp004追加後のディレクトリ構造

新しい成果物を反映させるために、コマンド1.3でKaggle Datasetを更新します。

コマンド1.3　Kaggle Datasetを更新するコマンド

```
kaggle datasets version -p results -m "Add exp004" ➡
--dir-mode zip
```

コマンドのオプション説明

- version: 既存のDatasetの新しいバージョンを作成する。
- -m: 更新内容を説明するメッセージを追加する。

　コマンドを実行すると、exp004の成果物が既存のデータセットに追加されたことが確認できます（**図1.10**）。

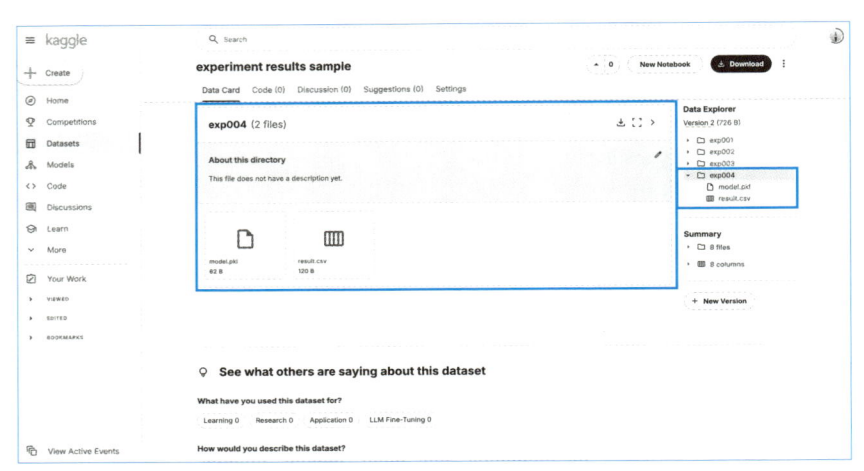

図1.10：Kaggle Datasetの更新後

　このように results ディレクトリごとアップロードすることで、各実験の出力結果が1つのデータセットにまとめられ、管理が非常に楽になります。

実験結果の整理と考察

　実験結果の整理と考察は、単なる結果の記録ではなく「次の仮説を生むための重要なステップ」です。特にKaggleなどで数多くの実験を繰り返す場合、各実験の内容や結果を明確に記録し、比較できるようにしておくことが重要です。

　ここでは、実験IDごとに生成したコードや成果物を、どのように整理して考察につなげるかを紹介します。

実験IDとNotebook名の対応

　複数の実験を行う際、一意の実験IDと対応するNotebook名を設定することで、管理がシンプルになります（表1.2）。

　例えば、実験ID:exp001に対応するNotebookをexp001.ipynbとするように実験IDとNotebook名を連携させ、各実験で得られたCVスコアやLBスコア、その時のモデルや取り組み内容のメモをまとめておきます。これにより、実験内容と結果、コードが一意に紐づき、あとから振り返る際にもどの実験がどの成果を生み出したのかを即座に把握可能です。さらに、詳細なパラメータや実験設定について知りたい場合は、実験設定を記述したCFGクラスやYAMLファイルを確認するだけで、どのような条件で実験が行われたか簡単に理解できます。

表1.2：テーブル形式で実験を整理する例

実験ID	CV	LB	モデル	メモ
exp001	0.0214	0.021	LightGBM	ベースライン
exp002	0.0239	0.023	LightGBM	ユーザーメタ情報の追加
exp003	0.0206	0.025	LightGBM	過去の購買状況を考慮
exp004	0.0220	0.021	LightGBM	アイテム情報の追加
exp005	0.0215	0.021	Catboost	モデル変更

実験の派生元の記録

単に実験IDごとに結果を並べるだけでも、それぞれの実験を理解することは可能です。しかし、実際には多くの実験が前回の結果や仮説を踏まえて派生しており、実験をバラバラの「点」として扱うだけでは全体像をつかみにくくなります。実験は本来「線」でつながっており、そのつながりを明らかにすることで、より的確な考察や次の一手のアイデアが生まれやすくなるのです。そのため、実験の派生元を記録しておくと、実験の進化の流れが見え、考察の質が高まります（表1.3）。

表1.3：実験の派生元の記録

実験ID	CV	LB	モデル	派生元	メモ
exp001	0.0214	0.021	LightGBM		ベースライン
exp002	0.0239	0.023	LightGBM	exp001	ユーザーメタ情報の追加
exp003	0.0206	0.025	LightGBM	exp002	過去の購買状況を考慮
exp004	0.0220	0.021	LightGBM	exp002	アイテム情報の追加
exp005	0.0215	0.021	Catboost	exp004	モデル変更

CVとLBの記録と可視化

実験ごとにCVスコア（Cross Validation Score：クロスバリデーションスコア）とLBスコア（Leaderboard Score：リーダーボードスコア）を記録し、比較することで、モデルの精度や汎化性能の傾向を分析します（図1.11）。

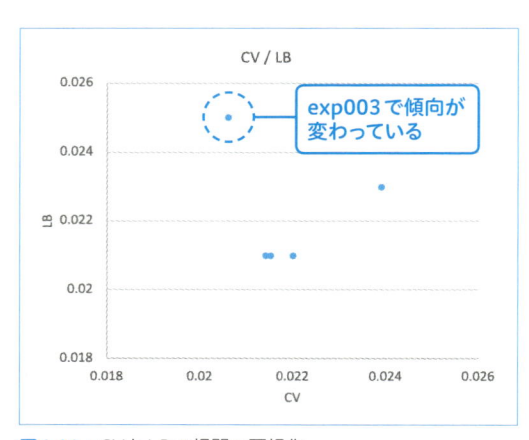

図1.11：CVとLBの相関の可視化

　実験数が増えると、表形式だけでは CV、LB の関係性を把握することが困難になります。しかし、スコアの推移をグラフで可視化することで、改善傾向や停滞ポイントが明確になります。例えば、図1.11 では exp003 で CV、LB の傾向が大きく変化していることが一目瞭然です。「過去の購買状況を考慮」という実験において、データのリークが発生した可能性が考えられます。

考察と仮説の構築

　各実験の結果を基に考察を行い、次の実験に向けた仮説を立てることで、試行錯誤を体系的に進められます。例えば、過去の実験を振り返った際に、exp003 では CV スコアが向上し、かつ LB スコアが悪化していることがわかったとします。この場合、仮説自体が正しいと考えるならば、実装上のミスがないかを確認し、検証し直すことも有効な選択肢です。

　また、次に取り組む実験の優先順位は固定されているわけではなく、過去の実験結果や考察に応じて常に変化します。各実験から得られた新たな気付きを基に仮説を再構築し、優先度を柔軟に見直しながら次の実験へ進むことが重要です。このサイクルを繰り返すことで、場当たり的な実験を防ぎ、効率的な改善が可能になります。

整理と考察の習慣化

　実験ごとに考察と仮説を残す習慣をつけることで、次の実験を「場当たり的」ではなく、明確な目的を持って進められるようになります。以下の流れを継続的に実践することをお勧めします。

1. 実験結果を記録：実験 ID、実験内容、CV・LB スコアを整理。
2. 結果の考察：改善点や問題点を明確化。
3. 仮説を立てる：次に試すべきアイデアを具体化。
4. 可視化する：必要に応じて、グラフで傾向を把握し、感覚ではなく視覚的に判断する。

　このフローを繰り返すことで、効率的な実験サイクルを継続的に実施できます。

1.5 ハイパーパラメータの記録

　機械学習モデルの性能は、アルゴリズムの選択だけでなく、ハイパーパラメータの適切な設定に大きく依存します。ハイパーパラメータは、学習率、バッチサイズ、エポック数など、モデルの学習プロセスを制御するために人間が事前に設定する値であり、モデルの性能に大きな影響を与えます。これは、データから自動的に学習されるモデルパラメータとは異なるものです。

　ハイパーパラメータを適切に管理しないと、再現性の低下やコードの可読性の悪化を招き、実験の効率が下がってしまいます。このSectionでは、ハイパーパラメータの管理方法について複数の手法を比較し、それぞれの特徴やメリット・デメリットを解説します。

1. ハードコーディング（非推奨）

　最も単純な方法は、ハイパーパラメータをコード内に直接記述することです。しかし、この方法は強く非推奨です（リスト1.4）。

リスト1.4　train.py

```
# モデルの定義
model = build_model(model_type = 'resnet50')


batch_size = 64
learning_rate = 0.001


# 学習ループ
for epoch in range(10):
    for batch in data_loader(batch_size):
        # 学習ステップ
        optimizer.zero_grad()
        outputs = model(batch['inputs'])
        loss = loss_fn(outputs, batch['labels'])
```

```
        loss.backward()
        optimizer.step()
```

　このコードでは、ハイパーパラメータである`batch_size`や`learning_rate`がコード内に直接記述されています。また、エポック数（epoch）もループの中に直接 `range(10)` として書かれています。これでは、実験ごとにコードを編集する必要があり、再現性や可読性が損なわれます。

問題点
- 再現性の低下：ハイパーパラメータがコード内に散在しているため、どの値を使ったのかあとで確認しにくい。
- 可読性の低下：パラメータが増えるとコードが煩雑になり、パラメータの理解が難しくなる。
- 再利用性の欠如：同じパラメータ設定を他の実験へ流用することが難しくなる。

2. CFG クラスを用いたハイパーパラメータの管理

　ハイパーパラメータを 1 箇所にまとめて管理しやすくするために、CFG（Configuration の略）クラスを使用する方法があります。この方法では、すべてのハイパーパラメータが 1 箇所に集約され、コードの見通しが良くなります。特に 1 つの実験を 1 つの Notebook で完結させたい場合に、この方法が好まれます（リスト 1.5）。

リスト 1.5　CFG クラスにすべてのハイパーパラメータを集約

```
In  class CFG:
        learning_rate = 0.001
        batch_size = 64
        num_epochs = 10
        model_type = 'resnet50'
```

　このクラスを使用して、他の部分でハイパーパラメータを参照します（**リスト1.6**）。

リスト1.6　CFGクラスからハイパーパラメータを取得する例

```
# モデルの定義
model = build_model(model_type=CFG.model_type)

# 学習ループ
for epoch in range(CFG.num_epochs):
    for batch in data_loader(CFG.batch_size):
        # 学習ステップ
        optimizer.zero_grad()
        outputs = model(batch['inputs'])
        loss = loss_fn(outputs, batch['labels'])
        loss.backward()
        optimizer.step()
```

　この方法の主なデメリットは、パラメータを階層的に構造化できないことです。

　Kaggle Competitions GrandmasterのY.Nakama氏のベースラインでもこの形式が採用されています（**図1.12**、**図1.13**）。

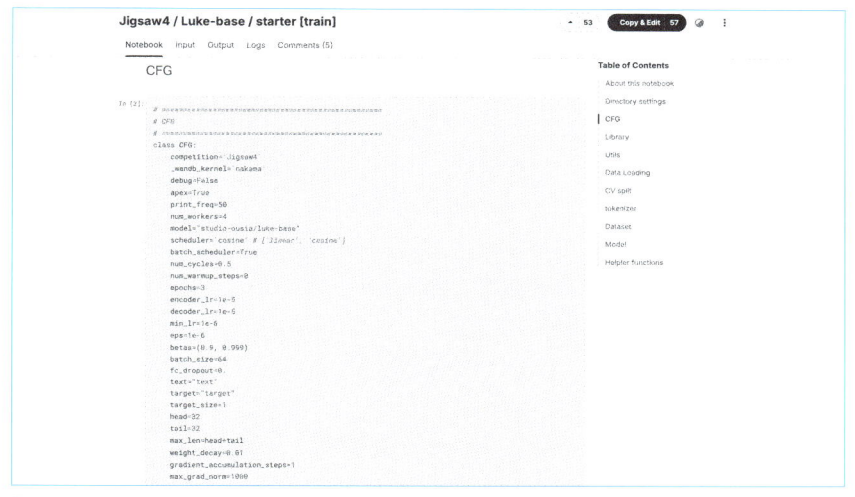

図1.12： Y.Nakama氏のベースラインにおけるCFGクラスの定義方法

参考URL https://www.kaggle.com/code/yasufuminakama/jigsaw4-luke-base-starter-train

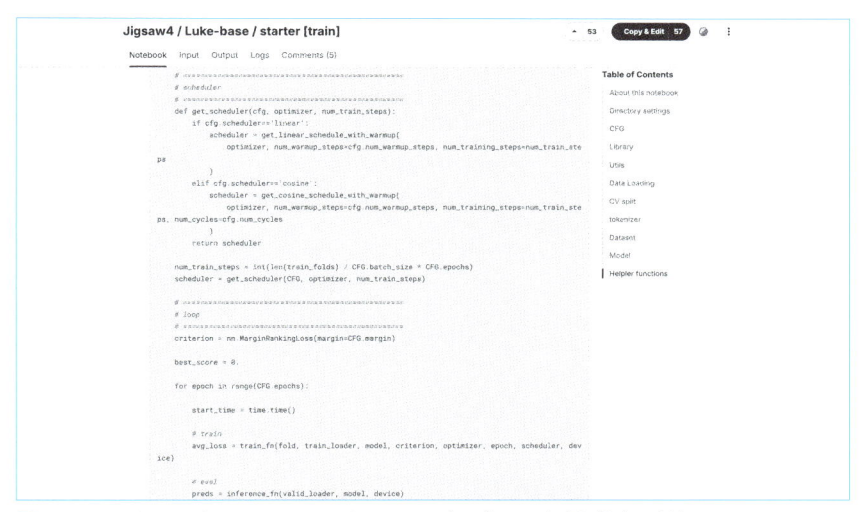

図1.13： Y.Nakama氏のベースラインにおけるハイパーパラメータを取得する方法

参考URL https://www.kaggle.com/code/yasufuminakama/jigsaw4-luke-base-starter-train

3. argparse を使用したハイパーパラメータの管理

この方法は、コマンドライン引数を活用してハイパーパラメータを指定する手法です（コマンド1.4、リスト1.7）。この方法の特徴は、スクリプトの実行時にハイパーパラメータを柔軟に変更できる点にあります。実験条件を変更する際にコードを修正する必要がなく、コマンドライン上で直接ハイパーパラメータを指定できるため、異なる設定での実験を効率的に実行できます。また、スクリプトの再利用性も高まり、同じコードベースで複数の実験を容易に管理することが可能になります。

コマンド1.4 実行コマンド

```
python train.py --learning_rate 0.0005 --batch_size 32 ➡
--num_epochs 20 --model_type resnet50
```

リスト1.7 train.py

```
In
import argparse

parser = argparse.ArgumentParser()
parser.add_argument('--learning_rate', type=float, ➡
default=0.001)
parser.add_argument('--batch_size', type=int, default=64)
parser.add_argument('--num_epochs', type=int, default=10)
parser.add_argument('--model_type', type=str, ➡
default='resnet50')
args = parser.parse_args()

learning_rate = args.learning_rate
batch_size = args.batch_size
num_epochs = args.num_epochs
model_type = args.model_type
```

　実験をスクリプトで実行する方には、ハイパーパラメータを動的に変更できるメリットがありますが、基本的にpyファイルでの実行を想定しており、Notebook派にはやや向いていない書き方になるでしょう。また、ハイパーパラメータが多くなりすぎる場合、実行コマンドが煩雑になり、実行が面倒になります（コマンド1.5）。また、ハイパーパラメータを保存するコードは別途準備する必要があります。

コマンド1.5　実行コマンドが煩雑になる例

```
python train.py --learning_rate 0.0005 --batch_size 64 ⮕
--num_epochs 20 --model_type efficientnet_b3 \
    --image_size 256 --scheduler_type cosine --weight_⮕
decay 0.0001 \
    --early_stopping 5 --num_workers 8 --warmup_epochs ⮕
3 --mixup_alpha 0.2 --cutmix_alpha 0.5 \
    --seed 42 --use_amp true --checkpoint_dir ⮕
./checkpoints --train_data_path /data/train \
    --val_data_path /data/val
```

4. YAMLファイルの利用

　YAMLファイルを使用したハイパーパラメータの管理方法は、人間が読みやすく、階層構造を持つため、複雑な設定も整理しやすいという特徴があります。ハイパーパラメータをコードから切り離して管理でき、YAMLファイルを直接読み込むため、実験で使用したパラメータを簡単に確認できます（リスト1.8、リスト1.9）。

リスト1.8　config.yaml

```
learning_rate: 0.001
batch_size: 64
num_epochs: 10
model:
  type: resnet50
  pretrained: true
```

In
```python
import yaml

with open("config.yaml", "r") as file:
    config = yaml.safe_load(file)

learning_rate = config["learning_rate"]
batch_size = config["batch_size"]
num_epochs = config["num_epochs"]
model_type = config["model"]["type"]
pretrained = config["model"]["pretrained"]

# モデルの定義
model = build_model(model_type=model_type, ➡
pretrained=pretrained)

# 学習ループ
for epoch in range(num_epochs):
    for batch in data_loader(batch_size):
        # 学習ステップ
        optimizer.zero_grad()
        outputs = model(batch["inputs"])
        loss = loss_fn(outputs, batch["labels"])
        loss.backward()
        optimizer.step()
```

5. argparse と YAML の併用による
　ハイパーパラメータ管理

　実験管理をより効率的に行うために、argparse と YAML ファイルを組み合わせる方法があります。この方法では、前述のハイパーパラメータが多くなった際の煩雑さを解消することができます。YAMLファイルでは階層的な

構造でパラメータを管理し、一方でargparseを使用することで、実行時に
柔軟にYAMLファイルを切り替えることができます。これにより、実験の再
現性を保ちながら、効率的な実験管理が可能になります（リスト1.10）。

リスト1.10　argparseとYAMLファイルを組み合わせた例

```
import argparse
import yaml


parser = argparse.ArgumentParser()
parser.add_argument('--config', type=str, ➡
default='config.yaml')
args = parser.parse_args()


with open(args.config, 'r') as f:
    config = yaml.safe_load(f)


# パラメータにアクセスする
learning_rate = config['learning_rate']
batch_size = config['batch_size']
num_epochs = config['num_epochs']
model_type = config['model']['type']
pretrained = config['model']['pretrained']
```

　この方法の大きな利点は、実験の管理が非常に簡単になることです。異な
るハイパーパラメータで実験を実行する場合、各実験用のYAMLファイルを
作成し、コマンドラインでそのファイルを指定するだけで、簡単に複数の実
験を実行できます。また、YAMLファイルは人間が読みやすい形式で書かれ
ているため、実験設定の確認や共有が容易になります。さらに、過去の実験
設定を保存しておくことで、実験の再現性も確保できます（リスト1.11、リ
スト1.12、リスト1.13、コマンド1.6）。

リスト1.11　config_exp000.yaml

```yaml
learning_rate: 0.001
batch_size: 64
num_epochs: 10
model:
  type: resnet50
  pretrained: true
```

リスト1.12　config_exp001.yaml

```yaml
learning_rate: 0.002
batch_size: 64
num_epochs: 10
model:
  type: resnet50
  pretrained: true
```

リスト1.13　config_exp002.yaml

```yaml
learning_rate: 0.001
batch_size: 128
num_epochs: 20
model:
  type: resnet50
  pretrained: true
```

コマンド1.6　argparseとYAMLファイルを組み合わせた場合の実行コマンド

```
python train.py --config config_exp000.yaml
python train.py --config config_exp001.yaml
python train.py --config config_exp002.yaml
```

1.6 実験の再現性を高めるための シード固定の重要性

　Kaggleの実験において、再現性を確保することは非常に重要です。再現性とは、同じコードとデータを使用して実験を行った際に、常に同じ結果が得られることを意味します。再現性が失われると、結果の信頼性が損なわれ、モデルの性能評価や改善が困難になります。

　具体例を見てみましょう。あるベースラインのモデルAがあり、新しい特徴量を追加してモデルBを作成したとします。通常、新しい特徴量の追加によってモデルの性能向上が期待されます。しかし、乱数のシードが固定されていないと、実験ごとに結果が変動し、シードの影響でモデルBのスコアが低下することがあります。これにより、実際には効果的な特徴量を誤って無効と判断してしまう可能性があります。

　このような問題を防ぐために、乱数のシードを固定することが重要です。データのシャッフル、モデルの初期化、ドロップアウトなど、機械学習の多くの処理で乱数が使用されています。乱数のシードを固定することで、これらの処理を再現可能にし、実験全体の再現性を高めることができます。

　このSectionでは、シード固定の重要性とそのための便利な関数について解説します。また、シードを固定した場合としない場合の違いを、実際のコードと出力結果を用いて比較検証します。

シード固定の重要性

　機械学習のプロセスには、以下のような乱数に依存する要素があります。

- データのシャッフル：学習データと検証データの分割時にデータをランダムに並び替える。
- ミニバッチの生成：学習中にデータを小さなバッチに分ける際、データの順序が乱数によって決定される。
- モデルの重みの初期化：ニューラルネットワークの重みは乱数によって初期化される。
- ドロップアウト：ニューロンをランダムに無効化する正則化手法。

　これらの処理はすべて乱数に依存するため、シードを固定しない場合、実験を繰り返すたびに結果が異なってしまいます。特にモデルの性能評価やハイパーパラメータの調整時には、結果の一貫性が重要です。結果が安定しないと、適切な評価や判断が困難になります。

　再現性を確保するためには、乱数のシードを固定する必要があります。しかし、使用するライブラリやフレームワークごとに乱数生成器が異なるため、それぞれに対してシードを固定する必要があります。

　以下では、Python の主要な乱数生成器のシードを一括で固定する、Kaggle でよく使用される便利な関数を紹介します。

1. seed_everything 関数

　seed_everything 関数は、複数の乱数生成器のシードを一括で固定し、実験の再現性を担保します（リスト1.14）。

リスト1.14　seed_everything 関数

```
def seed_everything(seed: int):
    random.seed(seed)
    os.environ["PYTHONHASHSEED"] = str(seed)
    np.random.seed(seed)
```

1. `random.seed(seed)`
   - Python の組み込みモジュール random のシードを固定する。
   - random モジュールを使用した乱数生成が再現可能になる。
2. `os.environ["PYTHONHASHSEED"] = str(seed)`
   - 環境変数 PYTHONHASHSEED を設定する。
   - Python のハッシュ関数のシードを固定し、辞書やセットの順序が再現可能になる。
3. `np.random.seed(seed)`
   - NumPy の乱数生成器のシードを固定する。
   - NumPy を使用した乱数生成が再現可能になる。

2. seed_torch 関数

PyTorchを使用する場合は、さらにPyTorch固有の乱数生成器のシードを固定する必要があります（リスト1.15）。

リスト1.15　seed_torch 関数

```
def seed_torch(seed=42):
    random.seed(seed)
    os.environ['PYTHONHASHSEED'] = str(seed)
    np.random.seed(seed)
    torch.manual_seed(seed)
    torch.cuda.manual_seed(seed)
    torch.backends.cudnn.deterministic = True
```

この関数は、seed_everythingの機能に加えて以下を行います。

1. torch.manual_seed(seed)

- PyTorchのCPU上の乱数生成器のシードを固定。
- モデルの重みの初期化などに影響。

2. torch.cuda.manual_seed(seed)

- PyTorchのGPU上の乱数生成器のシードを固定。
- GPUを使用した計算での再現性を確保。

3. torch.backends.cudnn.deterministic = True

- CuDNNの決定論的アルゴリズムを使用。
- 一部の非決定論的な挙動を排除。

シードを固定しない場合と固定した場合の違い

1. シードを固定しない場合

　リスト1.16では、randomモジュールとNumPyを使って乱数を生成し、辞書のキーの順序を取得しています。このコードを複数回実行すると、random_numbersとnumpy_numbersは毎回異なる値になります。また、keys_orderも異なる場合があります。

リスト1.16　シードを固定しない場合の例

```
import random
import numpy as np


# randomモジュールで乱数を生成
random_numbers = [random.random() for _ in range(5)]
print("Random Numbers:", random_numbers)


# NumPyで乱数を生成
numpy_numbers = np.random.rand(5)
print("NumPy Random Numbers:", numpy_numbers)


# 辞書のキーの順序を取得
sample_dict = {"apple": 1, "banana": 2, "cherry": 3, ⇒
"date": 4, "elderberry": 5}
keys_order = list(sample_dict.keys())
print("Dictionary Keys Order:", keys_order)
```

```
Random Numbers: [0.00918337748690734, ⇒
0.6707932333382494, 0.5346692912127747, 0.
07735400403391035, 0.7688263564075146]
NumPy Random Numbers: [0.45034729 0.12874532 ⇒
0.01532194 0.73184109 0.24047789]
Dictionary Keys Order: ['apple', 'banana', 'cherry', ⇒
'date', 'elderberry']
```

2. シードを固定した場合

リスト1.17ではコードを実行する前に、seed_everything関数でシード固定をしています。このコードを複数回実行すると、random_numbers、numpy_numbers、keys_orderは毎回同じ値と順序になります。

リスト1.17 シードを固定した場合の例

```
import random
import os
import numpy as np

def seed_everything(seed: int):
    random.seed(seed)
    os.environ["PYTHONHASHSEED"] = str(seed)
    np.random.seed(seed)


seed = 42
seed_everything(seed)


# randomモジュールで乱数を生成
random_numbers = [random.random() for _ in range(5)]
print("Random Numbers:", random_numbers)


# NumPyで乱数を生成
numpy_numbers = np.random.rand(5)
print("NumPy Random Numbers:", numpy_numbers)


# 辞書のキーの順序を取得
sample_dict = {"apple": 1, "banana": 2, "cherry": 3,
"date": 4, "elderberry": 5}
keys_order = list(sample_dict.keys())
print("Dictionary Keys Order:", keys_order)
```

SECTION 1.6 実験の再現性を高めるためのシード固定の重要性

Out
```
Random Numbers: [0.6394267984578837,
0.025010755222666936, 0.27502931836911926,
0.22321073814882275, 0.7364712141640124]
NumPy Random Numbers: [0.37454012 0.95071431 0.73199394
0.59865848 0.15601864]
Dictionary Keys Order: ['apple', 'banana', 'cherry',
'date', 'elderberry']
```

まとめ

　このChapterでは、Kaggleにおける数多くの実験を効率的かつ再現性を保ちながら進めるための実験管理の重要性を紹介しました。数百にも及ぶ実験を確実に管理するには、適切なディレクトリ構造の設計やハイパーパラメータの管理など、様々な工夫が不可欠です。また、実験はそれぞれが独立した「点」ではなく、前の仮説や結果を受け継ぎながら「線」としてつながっていくため、その流れを意識することで考察の質がさらに高まるでしょう。

## CHAPTER 2

実験管理のためのツール

このChapterでは実験管理を行うための
ツールについて解説します。

2.1 実験ごとの履歴の保持

　Chapter1で述べたように、実験IDごとの実験メモを残して表形式で実験を管理することが第一歩です。これにより、各実験の概要を容易に把握することができるようになります。

　しかし、実験ごとに詳細な比較をしたり、実験からさらなるアイデアを得たりするのは情報としては不十分です。例えば、使用した特徴量、損失関数、学習率など、実験に関するあらゆる設定を詳細に記録する必要があります。また、学習過程自体を残しておくことで、異なる実験同士の比較や再現性の検証が容易になります。

　具体的には、各実験で使用したハイパーパラメータ（学習率、バッチサイズ、エポック数など）を記録します。加えて、データの前処理の方法や使用した特徴量も記録しておくと（表2.1）、同じ実験を再現する際に役立ちます。

表2.1：記録すべき実験設定の例

ハイパーパラメータ	
	学習率
	バッチサイズ
	エポック数
特徴量	

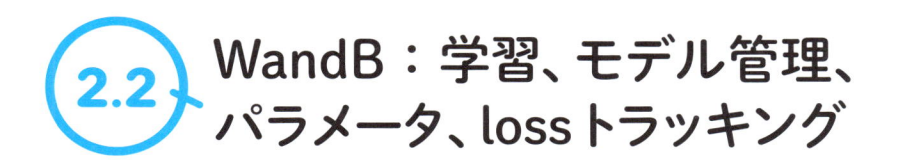

WandB：学習、モデル管理、パラメータ、lossトラッキング

次に実験管理のプラットフォームとして人気のあるWeights & Biases（以下WandB）を利用した実験管理の方法について述べます。

WandBは、機械学習や深層学習の実験を効率的に管理するためのプラットフォームです。WandBでは数行のコードを追加するだけで、ハイパーパラメータの管理や学習過程のトラッキングが可能です。個人利用は無料で、TensorFlow、Keras、PyTorch、scikit-learnなどの主要な開発フレームワークに対応しています。

WandBが提供する機能には表2.2のようなものがあります。

表2.2：WandBの提供する機能一覧

WandBが提供する機能	概要
データ管理	データセットやモデルのバージョン管理およびトラッキングが可能。
実験管理	実験の設定、結果、メトリクスなどを自動的に記録・可視化。再現性を確保できる。
ハイパーパラメータ最適化	スイープ機能を使用してハイパーパラメータの最適化が可能。
モデルトラッキング	モデルの学習過程や性能をリアルタイムでトラッキング・可視化できる。
レポート作成	実験結果をインタラクティブなレポートとして作成・共有できる。
チーム連携	プロジェクトやレポートをチームで共有・管理できる。
システムモニタリング	GPU使用率などのシステム情報を自動記録する。

このSectionでは主に実験管理に関する使い方を紹介します。

WandBの始め方

WandBにログインする

まず、WandBの始め方について説明します。WandBのWebサイト（URL https://www.wandb.jp）で「サインアップ」をクリックします（図2.1❶）。[Sign up] ダイアログでメールアドレス（図2.1❷）とパスワード（図2.1❸）を入力して「SIGN UP >」をクリックします（図2.1❹）。[Verify your email] ダイアログで「I already verified」をクリックします（図2.1 ❺）。メールで「Verify your email address」を確認して、「Verify mail」を クリックします（図2.1 ❻）。「Weights & Biases」ダイアログで登録した メールアドレスをクリックします（図2.1 ❼）。「Create account」ダイアロ グで「Email」（図2.1 ❽）「Full name」（図2.1 ❾）「Company or Institution」 （図2.1 ❿）を入力します。「Username」を確認して（図2.1 ⓫）、「Professional」 もしくは「Academic」をクリックし（図2.1 ⓬）、「I agree ……」にチェッ クを入れて（図2.1 ⓭）、「Continue」をクリックします（図2.1 ⓮）。[Create your organization] ダイアログで「Continue」をクリックします（図2.1 ⓯）。

なお、すでにアカウントを作成済みの方は画面右上の「サインアップ」で はなく「ログイン」をクリックしてログインして下さい。

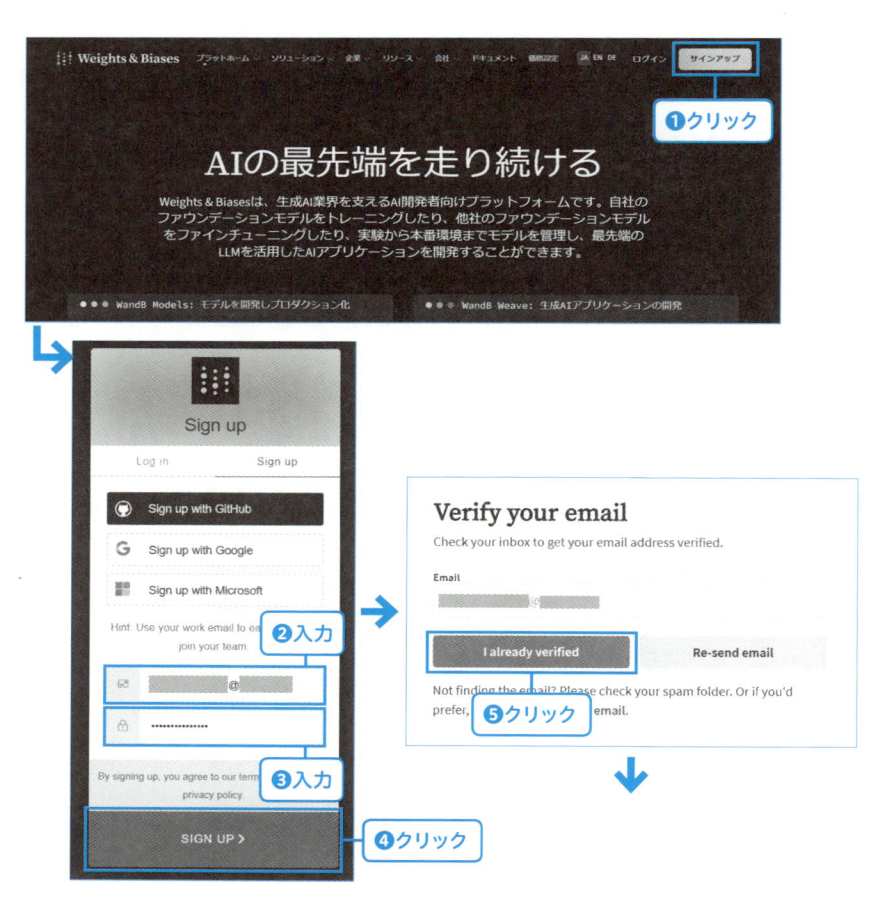

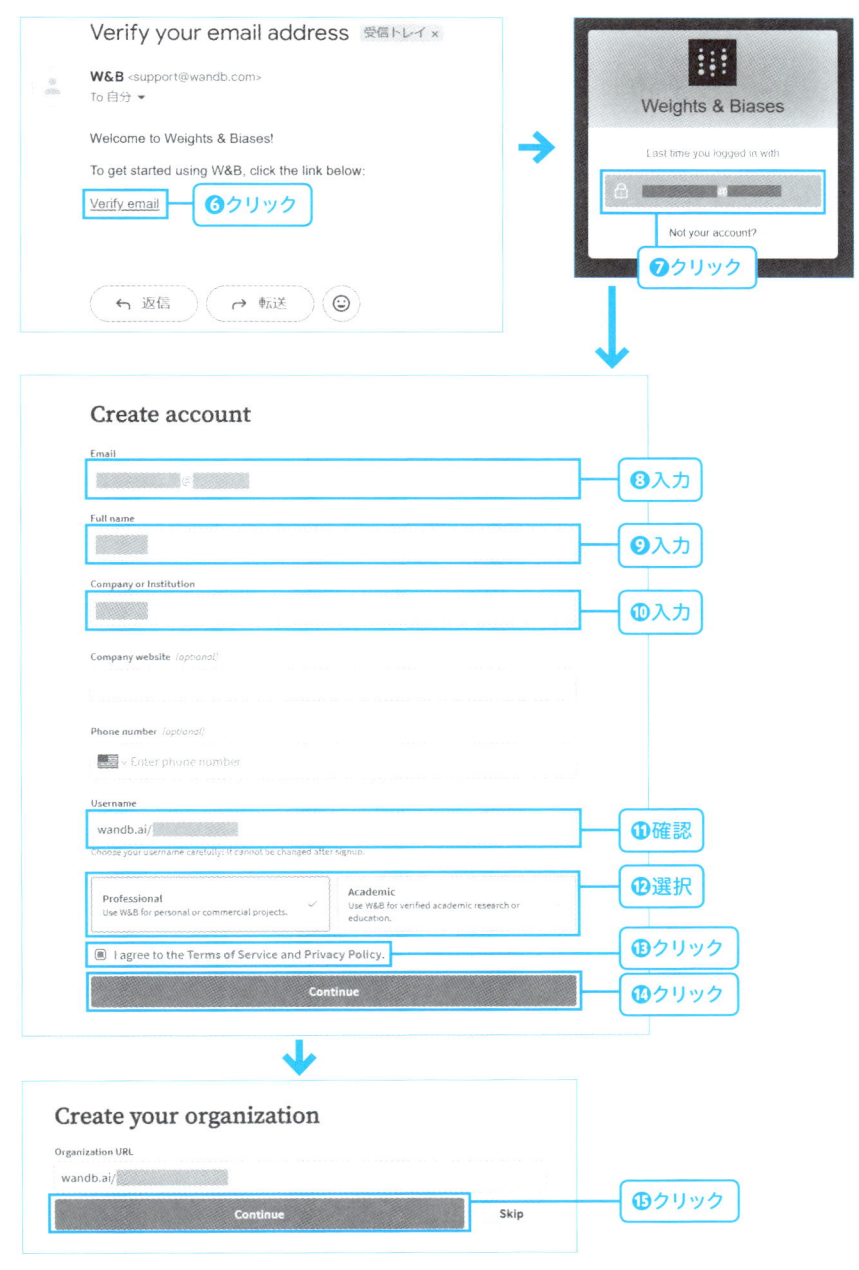

図2.1：WandB のアカウントの作成

ローカル環境での始め方

WandB をインストールし、インポートします（リスト 2.1）。

リスト 2.1　WandB をインストールしてインポート

In
```
!pip install wandb
import wandb
```

WandB の API キーを取得する

初回ログイン時に API キーが必要です。WandB の画面右上のアイコンを
クリックし（図 2.2 ❶）、User settings（図 2.2 ❷）から API キーを取得して
（図 2.2 ❸❹）、リスト 2.2 の Out にペーストします。

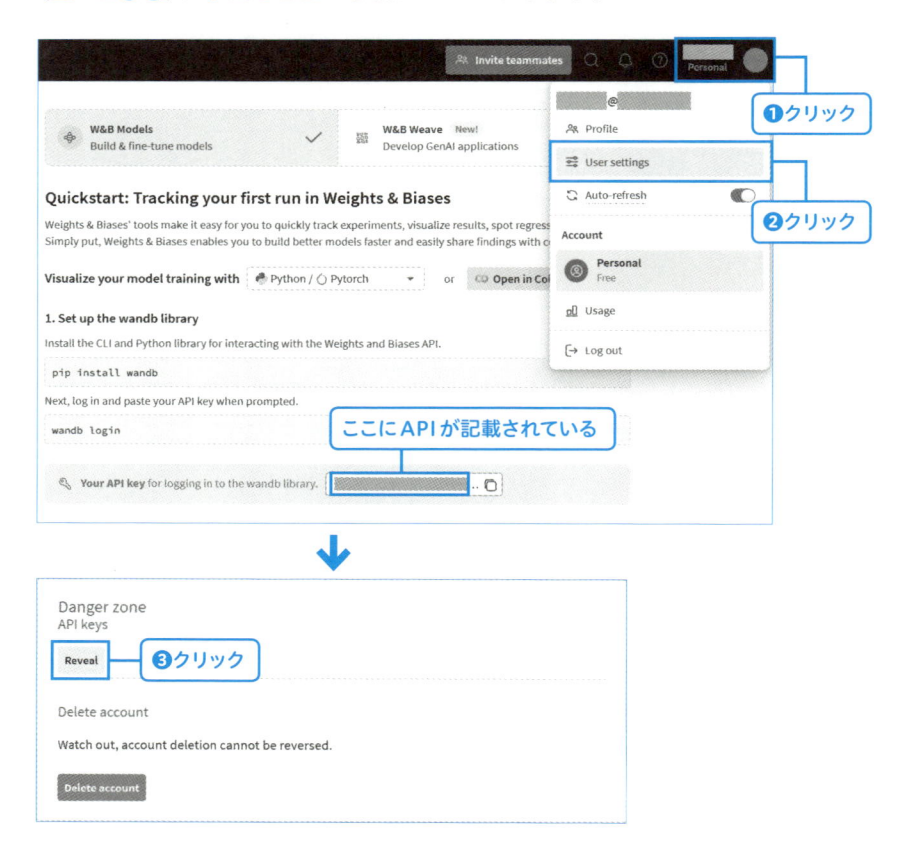

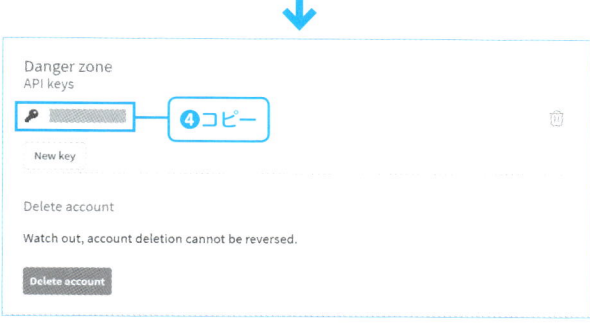

図2.2：WandBでAPIキーを取得

リスト2.2　WandBにログインする

In
```
wandb.login()
```

Out
```
wandb: Using wandb-core as the SDK backend.  Please ➡
refer to https://wandb.me/wandb-core for more information.
wandb: Logging into wandb.ai. (Learn how to deploy a ➡
W&B server locally: https://wandb.me/wandb-server)
wandb: You can find your API key in your browser here: ➡
https://wandb.ai/authorize
wandb: Paste an API key from your profile and hit ➡
enter, or press ctrl+c to quit:
（APIキーをペーストする）
```

　環境変数にAPIキーを登録しておくと、毎回入力する手間が省けます（**リスト2.3**）。

リスト2.3　WandBのAPIキーを環境変数に登録する

In
```
import os
# WandBのAPIキーを設定
os.environ["WANDB_API_KEY"] = "your_wandb_api_key"
```

　次に、WandBで実験を管理するための基本的な単位について説明します。

WandBでは、

- Entity（エンティティ）：個人やチームを示す単位
- Project（プロジェクト）：実験全体を整理するフォルダのような単位
- Run（実行）：実験ごとの実行単位

という階層で管理を行います。新しい実験を走らせると、そのたびにRunが生成され、学習中のログやメトリクス、モデルファイルなどがWandB側に送られます。

リスト2.4は、新しいプロジェクトを指定してRunを初期化する例です。ここで指定するプロジェクト名は、WandB上で一覧化され、可視化・分析・共有がしやすくなります。

リスト2.4 WandBを初期化しプロジェクトを作成する

```
In
wandb.init(project='project_demo')
```

```
Out
/Users/              /.pyenv/versions/3.10.0/envs/py3.10.0/
lib/python3.10/site-packages/pydantic/main.py:314:
UserWarning: Pydantic serializer warnings:
  Expected `list[str]` but got `tuple` - serialized
value may not be as expected
  return self.__pydantic_serializer__.to_python(
Tracking run with wandb version 0.19.1
Run data is saved locally in /              /

Syncing run neat-glade-11 to Weights & Biases (docs)
View project at https://wandb.ai/        /project_demo
View run at https://wandb.ai/        /project_demo/
runs/8aptxo4o
Display W&B run
```

`wandb.init`を呼び出すと、ターミナルやNotebook上にWandB実行のURLが表示され、ブラウザでそのURLにアクセスすることで、リアルタイムで学習ログを確認できるようになります。

Kaggleでの始め方

Kaggleにログインする

Kaggleにログインします（本書ではすでにKaggleを利用している方を対象としていますのでKaggleのアカウント作成については割愛します）。「+ Create」をクリックして（図2.3❶）、「New Notebook」をクリックします（図2.3❷）。「+ Code」をクリックして（図2.3❸）、セルを追加します（図2.3❹）。

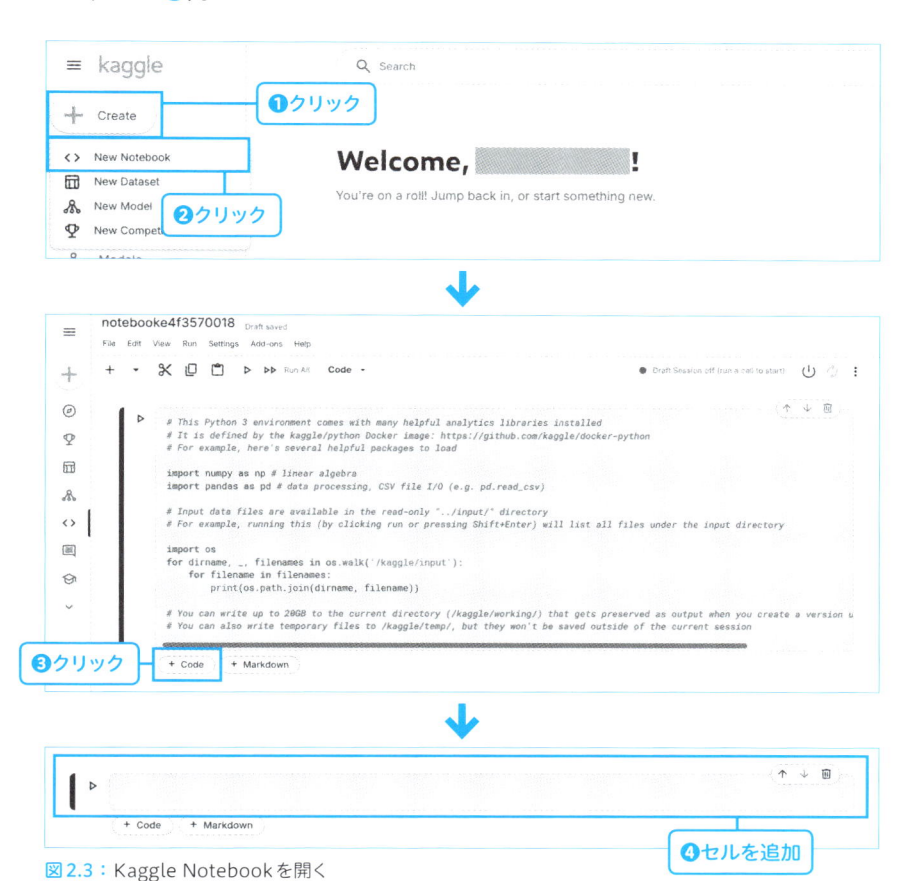

図2.3：Kaggle Notebookを開く

Kaggle Notebook における WandB の始め方

　Kaggle Notebook には、API を安全に登録するための機能があるので、その使い方を紹介します。まず新しい Notebook を開きます（図2.4）。

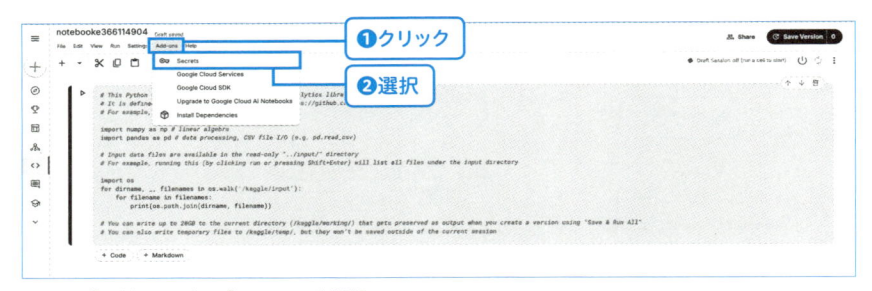

図2.4：新規の Kaggle Notebook

　次に、画面左上のメニューから「Add-ons」→「Secrets」を選択して下さい（図2.5 ❶❷）。

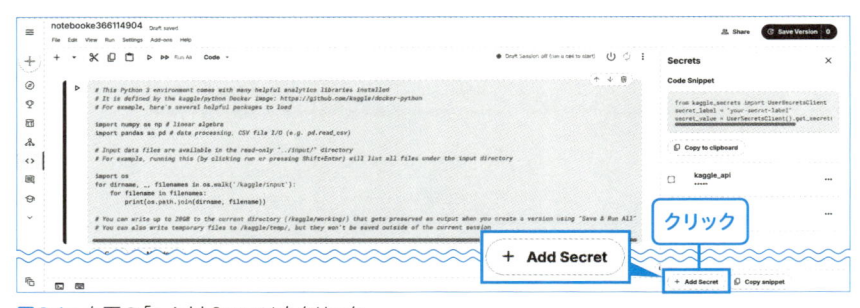

図2.5：「Add-ons」から「Secrets」を選択

　そのあと、右下に表示される「＋ Add Secret」ボタンをクリックします（図2.6）。

図2.6：右下の「＋ Add Secret」をクリック

LABEL欄に適当な名前（例としてwandb_api_key）を入力し（図2.7 ❶）、VALUE欄にはWandBのAPIキーを入力します（図2.7 ❷）。「Save」をクリックします（図2.7 ❸）。

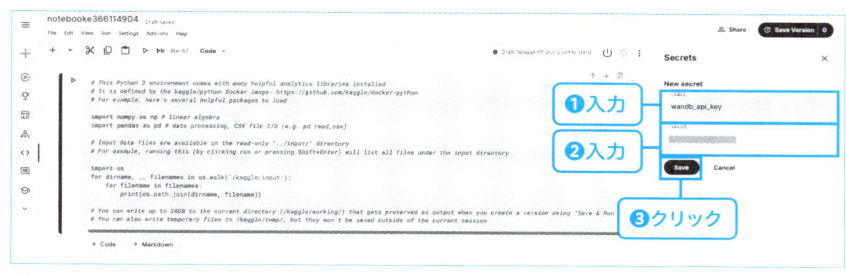

図2.7：APIキーの入力

すると登録されたAPIキーが表示され、その横にチェックボックスが現れるので、チェックを入れます（図2.8）。

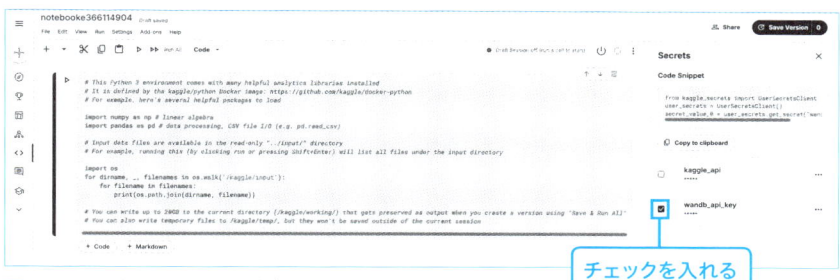

図2.8：WandBのAPIキーの選択

すると画面右側に「Code Snippet」が表示され、その内容が自動的に更新されます。「Copy to clipboard」ボタンをクリックして（図2.9）コードをコピーします。

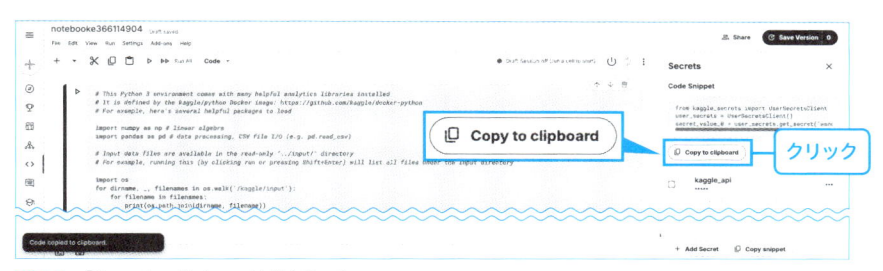

図2.9：「Copy to clipboard」をクリック

Notebookのセルにペーストして実行します（図2.10）。

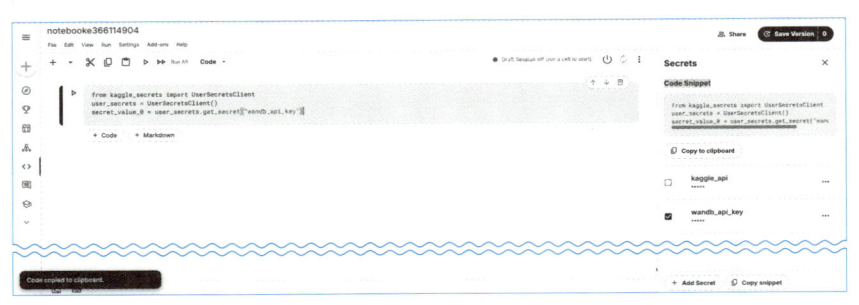

図2.10：コピーしたスニペットをセルにペースト

　このスニペットにより、`secret_value_0`という変数にAPIキーが格納されます。最後に、`wandb.login(key=secret_value_0)`を実行することで、WandBへのログインが完了します（図2.11）。これで、Kaggle Notebook上でWandBを使用する準備が整います。

　もちろん、APIキーを直接コードにベタ書きすることでもWandBにログインすることは可能です。ただし、Kaggleでは「Add-ons」の「Secrets」機能を使うことで、APIキーをコード上に露出させることなく、安全に管理できます。この方法は特に公開されるNotebookでは推奨されます。

図2.11：WandBにログイン

　Kaggle NotebookでWandBを使うには、インターネットがオンになっている（「Internet on」状態）必要があります（図2.12）。ただし、Code Competitionでは推論時にインターネットをオフにするルールが多いため、そのような場合はWandBを使えない点に注意して下さい。

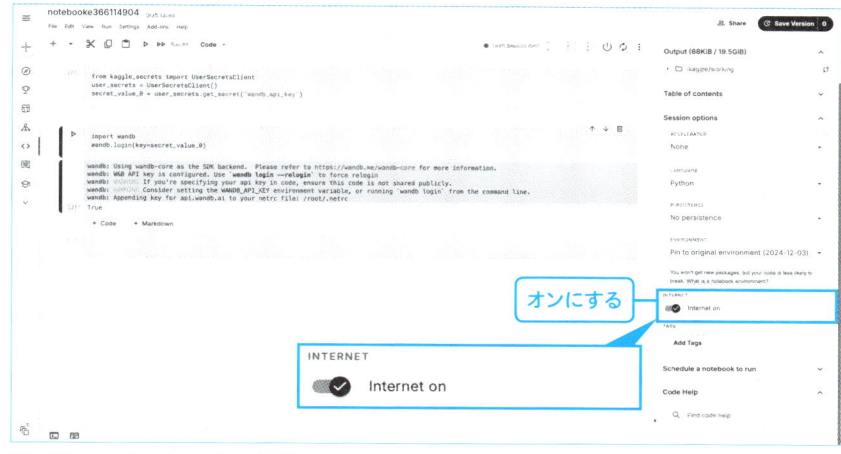

図2.12：インターネットオンの確認

LightGBMでのWandBの使い方

ここでは、The California housing dataset（カリフォルニアの住宅価格データセット、**URL** https://inria.github.io/scikit-learn-mooc/python_scripts/datasets_california_housing.html）を用いて、LightGBMで住宅価格を予測する例を紹介します（リスト2.5〜2.19）。

リスト2.5 必要なライブラリをインポートする

```
import os
import random
import numpy as np
import pandas as pd
import wandb
from wandb.integration.lightgbm import log_summary, 
wandb_callback
import lightgbm as lgb
from sklearn.datasets import fetch_california_housing
from sklearn.model_selection import train_test_split
from sklearn.metrics import mean_squared_error
```

リスト2.6　ライブラリのバージョンの確認

In
```python
print("wandb version:", wandb.__version__)
print("lightgbm version:", lgb.__version__)
```

Out
```
wandb version: 0.18.3
lightgbm version: 4.2.0
```

リスト2.7　APIキーの登録

In
```python
from kaggle_secrets import UserSecretsClient
user_secrets = UserSecretsClient()
secret_value_0 = user_secrets.get_secret("wandb_api_key")

wandb.login(key=secret_value_0)
```

Out
```
wandb: Using wandb-core as the SDK backend. Please ⇒
refer to https://wandb.me/wandb-core for more information.
wandb: W&B API key is configured. Use `wandb login ⇒
--relogin` to force relogin
wandb: WARNING If you're specifying your api key in ⇒
code, ensure this code is not shared publicly.
wandb: WARNING Consider setting the WANDB_API_KEY ⇒
environment variable, or running `wandb login` from ⇒
the command line.
wandb: Appending key for api.wandb.ai to your netrc ⇒
file: /root/.netrc

True
```

リスト2.8　Configクラスを定義

In
```python
# Configクラスを定義
class CFG:
```

```
    exp_name = 'exp001'
    test_size = 0.2
    random_state = 42
    learning_rate = 0.1
    num_leaves = 31
    n_estimators = 10000
    feature_fraction = 0.9
    stopping_rounds = 50
    log_evaluation = 100
    objective = 'regression'
    metric =  'rmse',
    features = ["MedInc", "HouseAge", "AveRooms", ➡
"AveBedrms", "Population", "AveOccup", "Latitude", ➡
"Longitude"]

# CFGクラスのインスタンスを作成
config = CFG()
```

リスト2.9　シード固定

```
# シード固定
def seed_everything(seed: int):
    random.seed(seed)
    os.environ["PYTHONHASHSEED"] = str(seed)
    np.random.seed(seed)
seed_everything(config.random_state)
```

リスト2.10　クラスの属性を辞書に変換する関数の定義

```
# クラスの属性を辞書に変換する関数
def class_to_dict(obj):
    return {k: getattr(obj, k) for k in dir(obj) if not ➡
k.startswith('__') and not callable(getattr(obj, k))}
```

In

```
class_to_dict(config)
```

Out

```
{'exp_name': 'exp001',
 'feature_fraction': 0.9,
 'features': ['MedInc',
  'HouseAge',
  'AveRooms',
  'AveBedrms',
  'Population',
  'AveOccup',
  'Latitude',
  'Longitude'],
 'learning_rate': 0.1,
 'log_evaluation': 100,
 'metric': ('rmse',),
 'n_estimators': 10000,
 'num_leaves': 31,
 'objective': 'regression',
 'random_state': 42,
 'stopping_rounds': 50,
 'test_size': 0.2}
```

リスト2.12　Wandbの初期化

In

```
# WandBの初期化
wandb.init(
 project="sample_project",
 config=class_to_dict(config),
  name = config.exp_name,
)
```

```
Out  wandb: Currently logged in as: ▓▓▓▓▓▓. Use `wandb ➡
     login --relogin` to force relogin
     wandb: Tracking run with wandb version 0.18.3
     wandb: Run data is saved locally in /kaggle/working/ ➡
     wandb/run-20250115_171526-ipc9pk9w
     wandb: Run `wandb offline` to turn off syncing.
     wandb: Syncing run exp001
     wandb: ☆ View project at https://wandb.ai/▓▓▓▓▓/ ➡
     sample_project
     wandb: 🚀 View run at https://wandb.ai/▓▓▓▓▓/ ➡
     sample_project/runs/ipc9pk9w
      Display W&B run
```

リスト2.13　データセットを取得

```
In   # データセットを取得
     data = fetch_california_housing()
     df = pd.DataFrame(data.data, columns=data.feature_names)
     y = pd.DataFrame(data.target, columns=data.target_names)

     X_train, X_test, y_train, y_test = train_test_split(
       df[config.features],
       y,
       test_size=config.test_size,
       random_state=config.random_state
     )
```

リスト2.14　学習データとテストデータの形状確認

```
In   X_train.shape, X_test.shape, y_train.shape, y_test.shape
```

```
Out  ((16512, 8), (4128, 8), (16512, 1), (4128, 1))
```

リスト2.15 LightGBM用のデータセットに変換

In
```
# LightGBM用のデータセットに変換
train_data = lgb.Dataset(X_train, label=y_train)
test_data = lgb.Dataset(X_test, label=y_test, ➡
reference=train_data)
```

リスト2.16 モデルのパラメータを設定

In
```
%%wandb

# モデルのパラメータを設定
params = {
    'learning_rate': config.learning_rate,
    'num_leaves': config.num_leaves,
    'objective': config.objective,
    'metric': config.metric,
    'feature_fraction': config.feature_fraction
}


# モデルを学習
model = lgb.train(
    params,
    train_data,
    num_boost_round=config.n_estimators,
    callbacks = [
        lgb.early_stopping(stopping_rounds=config.➡
stopping_rounds, verbose=True),
        lgb.log_evaluation(config.log_evaluation),
        wandb_callback()
    ],
    valid_sets=[train_data, test_data],
)
```

Out

```
[LightGBM] [Info] Auto-choosing col-wise multi-➡
threading, the overhead of testing was 0.002161 seconds.
You can set `force_col_wise=true` to remove the overhead.
[LightGBM] [Info] Total Bins 1838
[LightGBM] [Info] Number of data points in the train ➡
set: 16512, number of used features: 8
[LightGBM] [Info] Start training from score 2.071947
Training until validation scores don't improve for 50 ➡
rounds
[100] training's rmse: 0.39261 valid_1's rmse: 0.461229
[200] training's rmse: 0.339785 valid_1's rmse: 0.447667
[300] training's rmse: 0.305127 valid_1's rmse: 0.442757
[400] training's rmse: 0.278112 valid_1's rmse: 0.439342
[500] training's rmse: 0.255133 valid_1's rmse: 0.438417
[600] training's rmse: 0.235924 valid_1's rmse: 0.437065
Early stopping, best iteration is:
[622] training's rmse: 0.231847 valid_1's rmse: 0.436778
```

リスト2.17 テストデータで予測、モデルの評価

In

```python
# テストデータで予測
y_pred = model.predict(X_test, num_iteration=➡
model.best_iteration)

# モデルの評価
rmse = mean_squared_error(y_test, y_pred, squared=False)
print(f"RMSE: {rmse}")
```

Out

```
RMSE: 0.4367780679358385
```

リスト2.18 学習のサマリーをWandBに記録

```python
# 学習のサマリーをWandBに記録
log_summary(model, save_model_checkpoint=True)
```

リスト2.19 WandBの終了

```python
# 終了
wandb.finish()
```

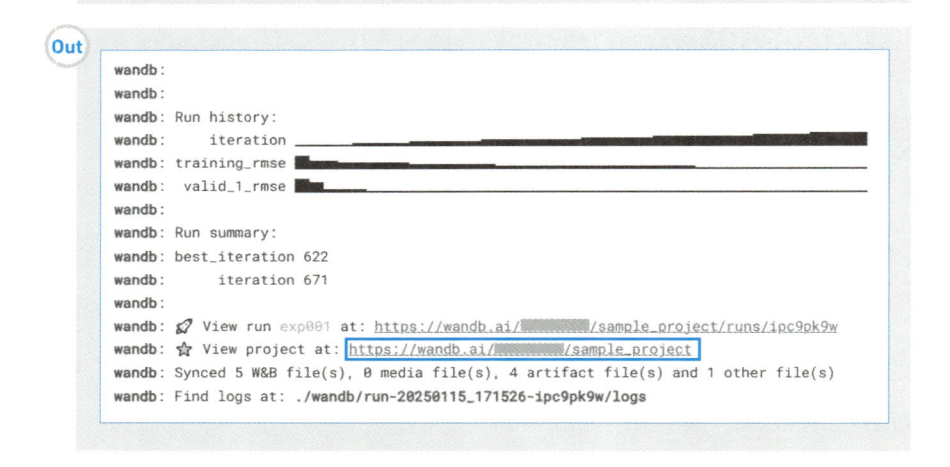

```
wandb:
wandb:
wandb: Run history:
wandb:     iteration _____
wandb: training_rmse _____
wandb:   valid_1_rmse _____
wandb:
wandb: Run summary:
wandb: best_iteration 622
wandb:       iteration 671
wandb:
wandb: 🚀 View run exp001 at: https://wandb.ai/███████/sample_project/runs/ipc9pk9w
wandb: ⭐ View project at: https://wandb.ai/███████/sample_project
wandb: Synced 5 W&B file(s), 0 media file(s), 4 artifact file(s) and 1 other file(s)
wandb: Find logs at: ./wandb/run-20250115_171526-ipc9pk9w/logs
```

　上記の例では、WandBのライブラリであるLightGBM用の特別なコールバックを使用しました。このコールバックを利用することで、学習過程や特徴量重要度などを自動で保存することができます。**リスト2.19**のOutの`https://wandb.ai/`（アカウント）/（プロジェクト名）をクリックして下さい。すると**図2.13**〜**図2.17**のような画面を確認できます。

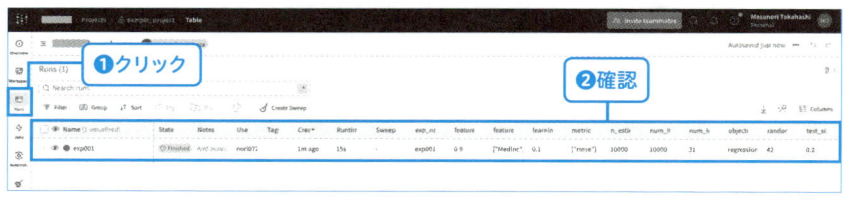

図2.13：実験一覧ページ

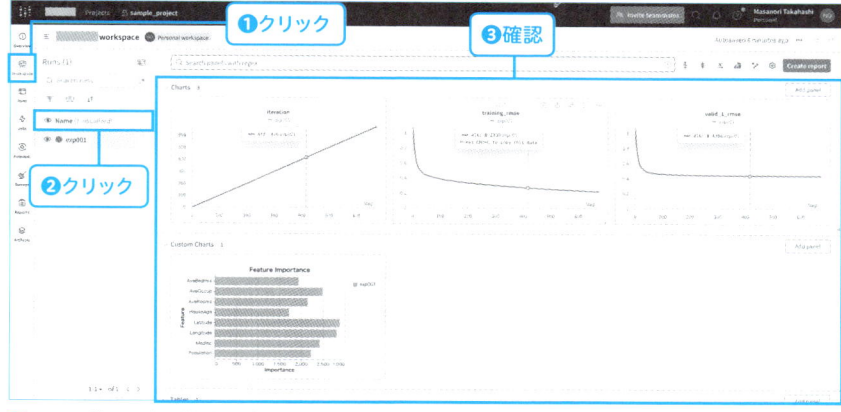

図 2.14：学習過程や特徴量重要度の可視化

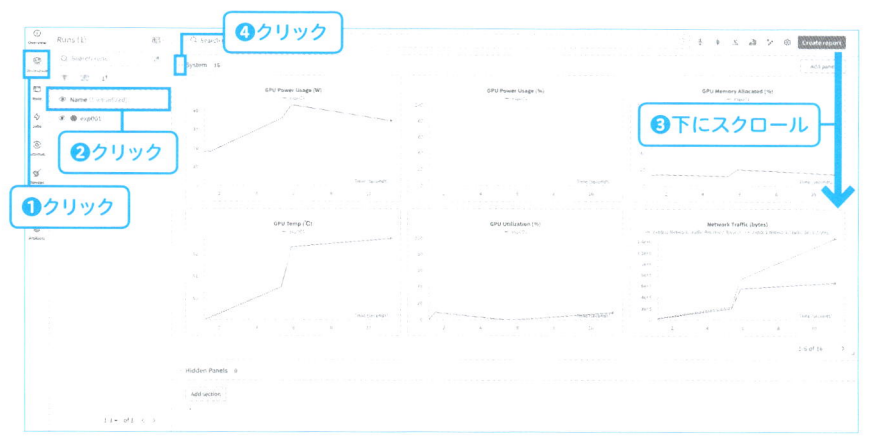

図 2.15：システム使用状況の可視化確認

図 2.16：実験に関連するファイルの保存

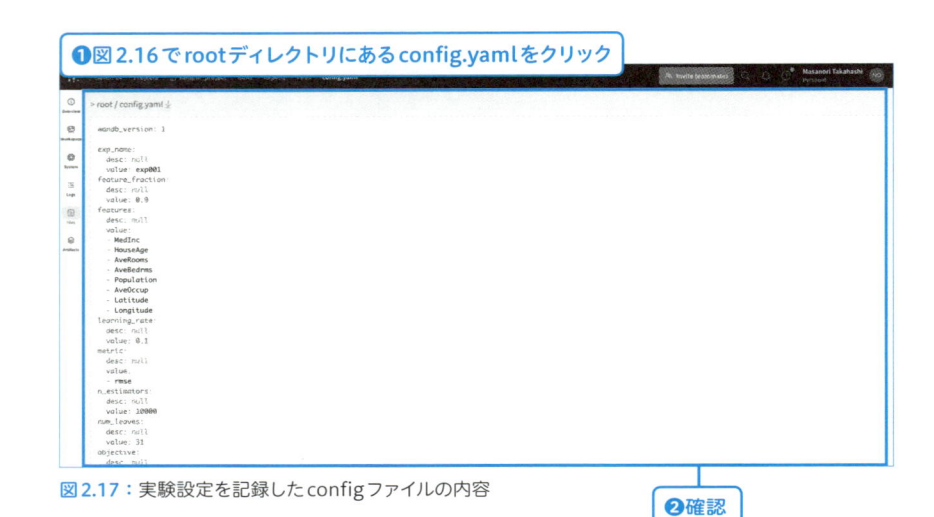

図2.17：実験設定を記録したconfigファイルの内容

PyTorch（Deep Learning）でのWandBの使い方

　ここでは、PyTorchを使用してシンプルなニューラルネットワークを学習し、WandBを用いて実験結果（損失値など）を記録・可視化する例を紹介します。LightGBMと同様に、ハイパーパラメータや学習過程をWandBに記録することで、実験管理や比較が容易になります。

　LightGBMでは専用のコールバック関数**wandb_callback()**を使用して学習ログを自動で記録しましたが、PyTorchの場合は手動で**wandb.log**を使用して学習結果（損失値や精度など）をWandBに記録します。この点がPyTorchとLightGBMの大きな違いです。

wandb.logの引数

　wandb.logは、実験のログデータをWandBに送信するための関数で、主に**表2.3**の引数を取ります。

表2.3：wandb.log関数の引数

引数	型	デフォルト値	説明
data	dict	なし	シリアライズ可能なPythonオブジェクト。str、int、float、Tensor、dictなどを記録します。
commit	bool	True	Trueの場合、メトリクスをサーバーに保存し、**ステップが1つ増加**します。 Falseの場合、データは一時的に保持され、後続のcommit=True時に保存されます。
step	int	自動増加	手動でグローバルステップを指定します。デフォルトでは、wandb.logを呼ぶたびにステップが自動的に1つ増加します。
sync	bool	None	非推奨の引数。現在、この引数はwandb.logの動作に影響を与えません。

wandb.logの基本と特性

1. 辞書型でデータを渡す

wandb.logは、キーと値のペアで構成された辞書型のデータを引数に取ります。例えば、以下のように複数のメトリクスを同時に記録します。

```
wandb.log({"train_loss": 0.5, "valid_loss": 0.3, ➡
"epoch": epoch})
```

2. 記録されるものは明示的に指定したデータのみ

wandb.logを使用する場合、記録されるデータはログ時に明示的に指定した内容のみです。LightGBMのwandb_callback()のように、特徴量重要度などが自動的に記録されるわけではありません。

3. ステップの管理

WandBはデフォルトで「グローバルステップ」を自動的に管理し、wandb.logを呼ぶたびに1ステップ増加します。複数のログを同一ステップで記録する場合は、commit=Falseを使い、あとからまとめてcommit=Trueで保存します。

```
wandb.log({"loss": 0.2}, commit=False)
wandb.log({"accuracy": 0.8})  # ここでステップが増加し、➡
両方が記録される
```

4. 頻繁なログ記録は非推奨

wandb.log は1秒間に数回呼び出す程度を想定しており、それ以上の頻度で呼び出すとパフォーマンスが低下する可能性があります。高頻度なログが必要な場合は、データを集約してからログを記録するようにしましょう。

5. サポートされるデータ形式

wandb.log はスカラー値（float や int）だけでなく、画像、ビデオ、ヒストグラム、3D オブジェクト、テーブルなども記録できます。例えば、画像をログに記録する場合は次のようにします。

```
wandb.log({"example_image": wandb.Image("path_to_image.➡
jpg")})
```

サンプルコード

PyTorch では、エポックごとやバッチごとに wandb.log を呼び出し、必要な指標を明示的にログとして送信します。リスト 2.20〜リスト 2.32 の手順で、シンプルなバイナリ分類タスクを例に WandB を使った PyTorch の学習ログ記録方法を紹介します。

リスト2.20　必要なライブラリをインポートする

In
```
import os
import random
import numpy as np
import torch
import torch.nn as nn
import torch.optim as optim
from torch.utils.data import DataLoader, Dataset
import wandb
```

リスト2.21　ライブラリのバージョンの確認

In
```
print("wandb version:", wandb.__version__)
```

Out
```
wandb version: 0.18.3
```

リスト2.22　API キーの登録

In
```
from kaggle_secrets import UserSecretsClient
user_secrets = UserSecretsClient()
secret_value_0 = user_secrets.get_secret("wandb_api_key")

wandb.login(key=secret_value_0)
```

Out
```
wandb: Using wandb-core as the SDK backend. Please ➡
refer to https://wandb.me/wandb-core for more information.
wandb: W&B API key is configured. Use `wandb login ➡
--relogin` to force relogin
wandb: WARNING If you're specifying your api key in ➡
code, ensure this code is not shared publicly.
wandb: WARNING Consider setting the WANDB_API_KEY ➡
environment variable, or running `wandb login` from the ➡
```

```
command line.
wandb: Appending key for api.wandb.ai to your netrc ➡
file: /root/.netrc
True
```

リスト2.23 Configクラスを定義

```
# Configクラスを定義
class CFG:
    exp_name = 'chap2_exp002'
    random_state = 42
    epochs = 10
    learning_rate = 0.001


# CFGクラスのインスタンスを作成
config = CFG()
```

リスト2.24 シード固定

```
# シード固定
def seed_torch(seed=42):
    random.seed(seed)
    os.environ['PYTHONHASHSEED'] = str(seed)
    np.random.seed(seed)
    torch.manual_seed(seed)
    torch.cuda.manual_seed(seed)
    torch.backends.cudnn.deterministic = True


seed_torch(config.random_state)
```

リスト2.25　クラスの属性を辞書に変換する関数の定義

In

```python
# クラスの属性を辞書に変換する関数
def class_to_dict(obj):
    return {k: getattr(obj, k) for k in dir(obj) if not ➡
k.startswith('__') and not callable(getattr(obj, k))}
```

リスト2.26　変換されたCFGクラスの確認

In

```python
class_to_dict(config)
```

Out

```
{'epochs': 10,
 'exp_name': 'chap2_exp002',
 'learning_rate': 0.001,
 'random_state': 42}
```

リスト2.27　データセットを取得

In

```python
# データセット
class SampleDataset(Dataset):
    def __init__(self, size=100):
        self.size = size
        self.data = torch.randn(size, 10)
        self.labels = torch.randint(0, 2, (size,), ➡
dtype=torch.float32)

    def __len__(self):
        return self.size

    def __getitem__(self, idx):
        return self.data[idx], self.labels[idx]
```

リスト2.28 モデル定義

In

```python
# モデル定義
class SimpleModel(nn.Module):
    def __init__(self):
        super(SimpleModel, self).__init__()
        self.linear = nn.Linear(10, 1)

    def forward(self, x):
        return self.linear(x).squeeze()
```

リスト2.29 データセットとデータローダー

In

```python
# データセットとデータローダー
train_dataset = SampleDataset(size=1000)
valid_dataset = SampleDataset(size=200)
train_loader = DataLoader(train_dataset, batch_size=32, ➡
shuffle=True)
valid_loader = DataLoader(valid_dataset, batch_size=32, ➡
shuffle=False)
```

リスト2.30 モデル、損失関数、最適化

In

```python
# モデル、損失関数、最適化
model = SimpleModel()
criterion = nn.BCEWithLogitsLoss()
optimizer = optim.Adam(model.parameters(), lr=config. ➡
learning_rate)
```

リスト2.31　WandBの初期化

In
```python
# WandBの初期化
wandb.init(
    project="sample_project",
    config=class_to_dict(config),
    name = config.exp_name,
)
```

Out
```
wandb: Currently logged in as: ▓▓▓▓▓▓. Use `wandb ➡
login --relogin` to force relogin
wandb: Tracking run with wandb version 0.18.3
wandb: Run data is saved locally in /kaggle/working/ ➡
wandb/run-20250127_081954-4xofhab7
wandb: Run `wandb offline` to turn off syncing.
wandb: Syncing run chap2_exp002
wandb: ☆ View project at https://wandb.ai/▓▓▓▓▓▓/ ➡
sample_project
wandb: 🚀 View run at https://wandb.ai/▓▓▓▓▓▓/ ➡
sample_project/runs/4xofhab7
 Display W&B run
```

リスト2.32　学習ループ、WandBの終了

In
```python
# 学習ループ
epochs = 10
for epoch in range(epochs):
    model.train()
    train_loss = 0.0
    for data, labels in train_loader:
        optimizer.zero_grad()
        outputs = model(data)
        loss = criterion(outputs, labels)
```

```
            loss.backward()
            optimizer.step()
            train_loss += loss.item()

    train_loss /= len(train_loader)

    # 検証ループ
    model.eval()
    valid_loss = 0.0
    with torch.no_grad():
        for data, labels in valid_loader:
            outputs = model(data)
            loss = criterion(outputs, labels)
            valid_loss += loss.item()

    valid_loss /= len(valid_loader)

    # WandB にログを記録
    wandb.log({"epoch": epoch + 1, "train_loss": ➡
train_loss, "valid_loss": valid_loss})

    print(f"Epoch [{epoch + 1}/{epochs}] – Train Loss: ➡
{train_loss:.4f}, Valid Loss: {valid_loss:.4f}")

# WandB 終了
wandb.finish()
```

Out

```
Epoch [1/10] - Train Loss: 0.7281, Valid Loss: 0.7725
Epoch [2/10] - Train Loss: 0.7258, Valid Loss: 0.7659
Epoch [3/10] - Train Loss: 0.7184, Valid Loss: 0.7598
Epoch [4/10] - Train Loss: 0.7164, Valid Loss: 0.7544
Epoch [5/10] - Train Loss: 0.7127, Valid Loss: 0.7488
Epoch [6/10] - Train Loss: 0.7096, Valid Loss: 0.7444
Epoch [7/10] - Train Loss: 0.7070, Valid Loss: 0.7402
Epoch [8/10] - Train Loss: 0.7021, Valid Loss: 0.7359
Epoch [9/10] - Train Loss: 0.7014, Valid Loss: 0.7330
Epoch [10/10] - Train Loss: 0.6993, Valid Loss: 0.7296
wandb:
wandb:
wandb: Run history:
wandb:        epoch  ▁▁▂▃▄▅▆▇██
wandb: train_loss  █▇▆▅▄▃▃▂▂▁
wandb: valid_loss  █▇▆▅▄▃▃▂▂▁
wandb:
wandb: Run summary:
wandb:        epoch 10
wandb: train_loss 0.69925
wandb: valid_loss 0.72963
wandb:
wandb: ☆ View run chap2_exp002 at: https://wandb.ai/➡
        /sample_project/runs/4xofhab7
wandb: ☁ View project at: https://wandb.ai/          /➡
sample_project
wandb: Synced 5 W&B file(s), 0 media file(s),➡
 0 artifact file(s) and 0 other file(s)
wandb: Find logs at: ./wandb/run-20250127_081954-➡
4xofhab7/logs
```

epochごとにlossを記録したため、合計10step分のlossが記録されていることが確認できました（図2.18）。

図2.18：wandb.logで記録したlossの可視化

WandBのインテグレーション機能の紹介

WandBのインテグレーション機能とは、既存のプロジェクトやワークフロー内で、実験管理、データのバージョン管理、結果の可視化を迅速かつ簡単に統合できる仕組みです。この機能を活用することで、機械学習や深層学習のプロジェクトにおけるトラッキング作業が効率化され、開発者はより多くの時間をモデルの改善や分析に費やすことができます。

例えば、以下のような場面でインテグレーションが役立ちます。

- PyTorchやTensorFlowなどの人気MLフレームワークでのトレーニングプロセスの追跡。
- Hugging Faceライブラリを使用したNLPモデルの管理。

これらの統合は、WandBが提供するシンプルなAPIやサンプルコードを用いることで、数行のコード追加だけでセットアップ可能です。

インテグレーションの種類

　WandBには様々な主要ライブラリやサービスとの統合が提供されています。表2.4はその一部です。

表2.4：主要なライブラリと主要なツール

主要なライブラリ	主要なツール
Keras	Hugging Face
PyTorch	Ultralytics
PyTorch Lightning	XGBoost
TensorFlow	LightGBM
fast.ai	
scikit-learn	

参考URL https://docs.wandb.ai/ja/guides/integrations

　Kaggleでは、以下に説明するようなインテグレーションが特に便利です。

1. テーブルデータのコンペ

　テーブルデータを扱うコンペでは、XGBoostやLightGBMが有効です。専用の`WandbCallback`を使用することで、`wandb.log`を明示的に書かなくても自動で学習ログを残すことができ、トレーニングプロセスや特徴量重要度を簡単に可視化できます（リスト2.33、図2.19、図2.20）。

リスト2.33　XGBoostのインテグレーションを使用するサンプルコード

```
import xgboost as xgb
from wandb.integration.xgboost import WandbCallback


# ...


# モデルを学習
model = xgb.train(
    params,
    dtrain,
    num_boost_round=config.n_estimators,
```

```
    evals=[(dtrain, 'train'), (dtest, 'eval')],
    early_stopping_rounds=50,
    verbose_eval=100,
    callbacks=[
        WandbCallback()
    ]
)
```

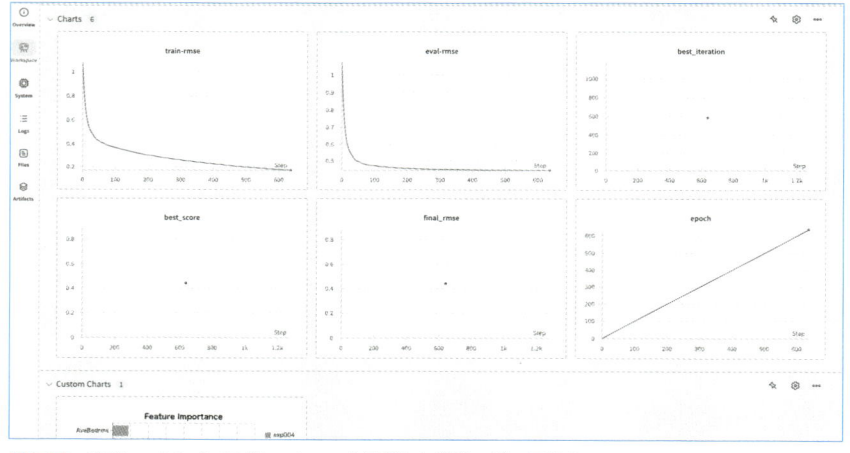

図2.19：XGBoostのインテグレーションを使用した学習ログの可視化

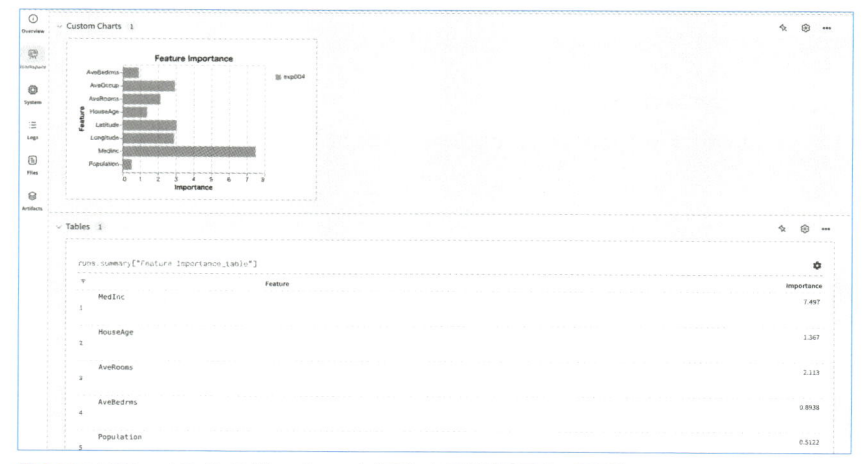

図2.20：XGBoostのインテグレーションを使用した特徴量重要度の可視化

2. NLP（自然言語処理）のコンペ

自然言語処理のタスクでは、Hugging Faceのインテグレーションが特に有用です。このライブラリを使うことで、事前学習済みのトランスフォーマーモデル（例：BERT、GPT）を簡単に適用し、様々な指標を自動的に記録できます。また、NLPコンペではGPUを使用することが多いですが、GPU使用率なども記録され、さらにマルチGPU環境を使用する場合には2つ以上のGPUが効率的に使用されているかどうかを数行のコードで簡単に確認できます（リスト2.34、図2.21）。

リスト2.34　Hugging Faceのインテグレーションを使用するサンプルコード

```
from transformers import TrainingArguments, Trainer

# ...

training_args = TrainingArguments(
        ...,
        report_to="wandb",  # WandBを有効化
        run_name="bert-base-high-lr",  # WandBのRunの名前
        logging_steps=1,  # WandBへのログ頻度
)

trainer = Trainer(..., args=training_args)
trainer.train()
```

図2.21：Hugging Faceのインテグレーションを使用したマルチGPUの使用率の可視化

3. 画像データのコンペ

　画像処理に関連するコンペでは、Ultralyticsが有用です。例えば物体検出のコンペでは、precisionやrecall、mAP50など複数の指標を学習ログとして記録したい場合があります。Ultralyticsのインテグレーションを使用すると、学習率の記録や、物体検出における複数の評価指標を数行のコードで記録・可視化できます（リスト2.35、図2.22）。

リスト2.35　Ultralyticsのインテグレーションを使用するサンプルコード

```
import wandb
from wandb.integration.ultralytics import ➡
add_wandb_callback

from ultralytics import YOLO

# YOLOモデルを初期化
model = YOLO("yolov8s.pt")

# Ultralyticsのコールバックを追加
add_wandb_callback(model, enable_model_checkpointing=➡
```

```
True)

model.train(
    project="lsdc_yolov8",
    data="yolo.yaml",
    epochs=EPOCHS,
    imgsz=INPUT_SIZE,
    batch=BATCH_SIZE)
```

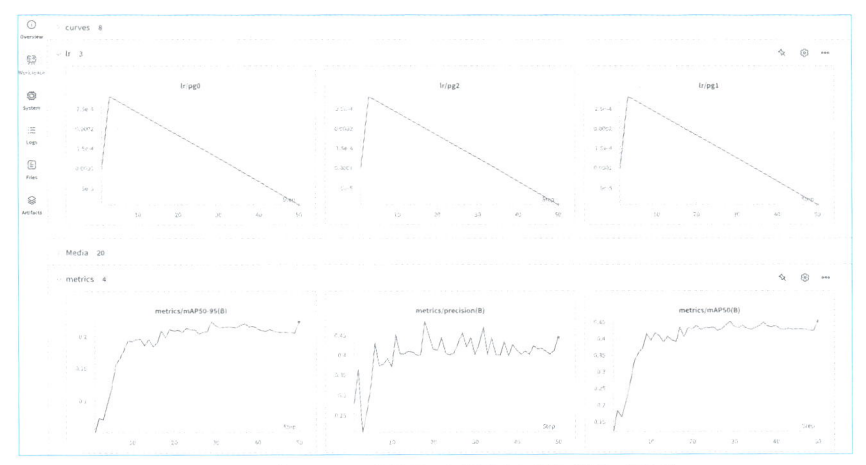

図2.22：Ultralytics のインテグレーションを使用した学習率と評価指標の可視化

WandB の便利機能

タグ機能

　WandB には膨大な実験データを効率的に整理し、必要な情報を素早く見つけるための便利な機能としてタグが存在します。例えば、モデルの比較をしたい場合、タグとして「LightGBM」「Catboost」などのタグを付けておくと、簡単に実験結果をフィルタリングできるようになります。タグは実験を初期化する際に簡単に追加できます。

　リスト2.36 にタグを付与して実験を初期化するコード例を示します。

リスト2.36　WandBの初期化時にタグを付与するコード例

In
```python
wandb.init(
    project="my_project",
    name="exp001",
    tags=["LightGBM", "5fold"]
)
```

このコードでは、「LightGBM」というモデルを使用し、「5fold」というクロスバリデーションを行った実験を記録しています。タグはリスト形式で複数追加できるため、実験に関連する要素を柔軟に整理できます。

登録されたタグは、WandBのUI上でRunsから確認することができます。図2.23の画像は、WandBのRunsにおけるタグの表示例です。

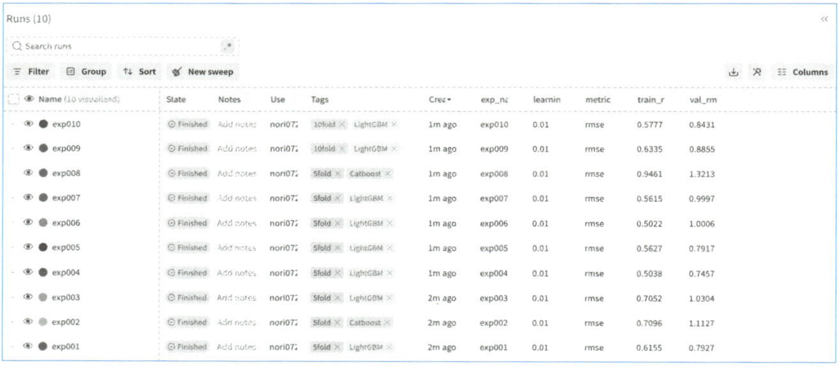

図2.23：タグの表示

WandBでは、実験を終了したあとでもタグを追加することが可能です。この機能は、実験後に整理や分析を行う際に非常に役立ちます。

例えば、図2.24❶～❸の例では、実験「exp008」に「sampling」というタグを追加しています。このタグは、この実験がデータをサンプリングして実行されたことを示しています。「Add a new tag」をクリックすることで、簡単にタグを追加できます。

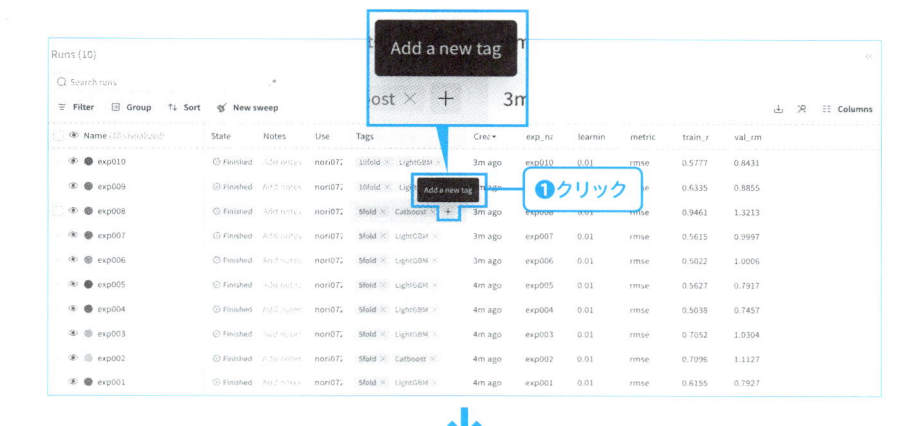

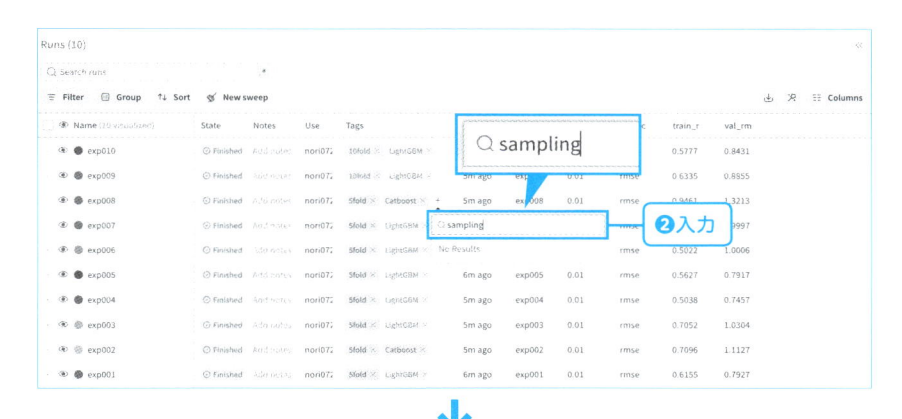

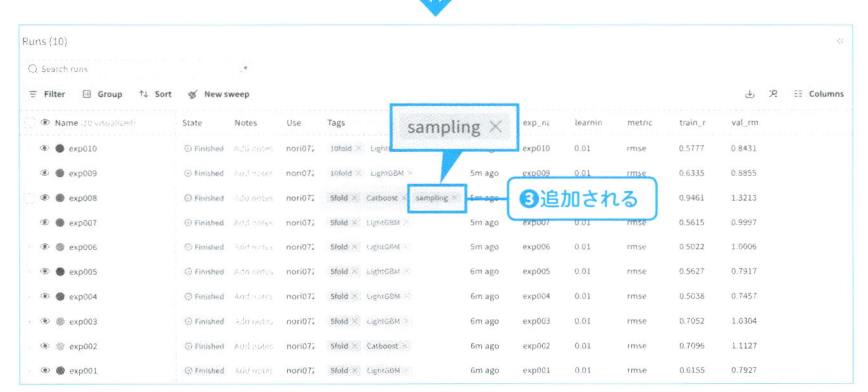

図2.24：実験へのタグの付与方法

　タグを活用すると、特定の条件に一致する実験だけをフィルタリングして表示することができます。例えば、サンプリングを行っていない実験だけを表示したい場合、「Filter」機能を利用して「Tags is not sampling」と設定します（図2.25❶〜❹）。

　フィルタリング後の画面では、条件に一致しない実験（ここでは「exp008」）が除外されていることがわかります。

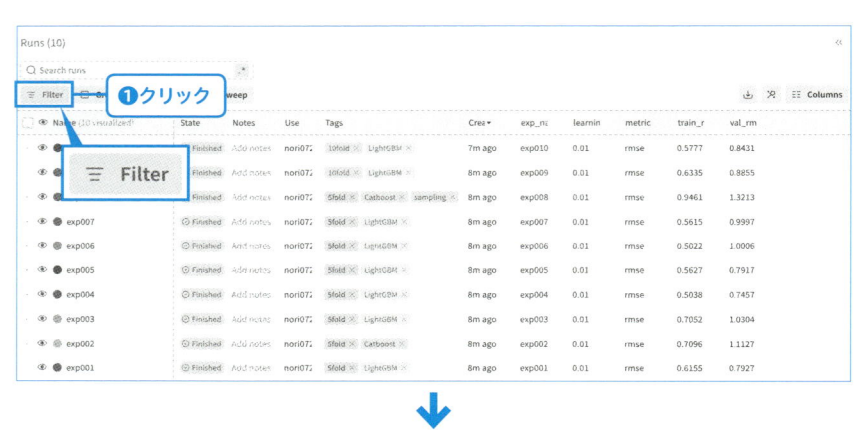

図2.25：タグを用いたフィルタリング

　1つの実験だけであればタグを使わなくても整理可能ですが、試行錯誤を重ねるうちに実験数が数十、場合によっては数百に増加することがあります。このような場合、実験結果を比較・分析する際にタグを活用することで、大幅に作業効率を向上させることができます。

　例えば、クロスバリデーションの fold 数が異なる場合、「5fold」や「10fold」といったタグを付与しておくことで、同条件の実験結果を素早く比較できます。また、モデルの種類やデータ処理手法（例：サンプリング、擬似ラベル）をタグで管理することで、あとから特定の条件を満たす実験を容易に抽出することができます。

通知機能

　WandB は、学習や実験の進行状況を効率的に管理できるだけでなく、通知機能を通じてリアルタイムで重要な情報を受け取ることができます。このセクションでは、通知の重要性、設定方法、実装例、さらに外部ツールとの連携について解説します。

通知の重要性

　通知機能は、実験が長時間に及ぶ場合や多数の実験を同時に進行している場合に非常に有用です。以下のような状況で通知が役立ちます。

- **学習が完了したタイミングを把握したい場合**
  学習が正常に完了したことを確認でき、次のタスクにすぐ取り掛かることができます。
- **エラー発生時に即座に対応したい場合**
  長時間の学習中にクラッシュが発生した場合、通知により即座に問題を把握し、再実行やデバッグが可能になります。
- **特定の条件を満たした際にアクションを起こしたい場合**
  例えば、モデルの性能が所定の閾値に達した時や loss が NaN になった時に通知を受け取ることで、結果を迅速に確認できます。

WandB の通知設定

　WandB では、通知の設定を簡単に行うことができます。通知の基本的な設定は、「Settings」の「Alerts」から行います。以下は主な通知設定の項目です。

1. **Run finished**
   実験が正常に完了した場合に通知を受け取る設定です。これにより、学習が無事に終了したことを確認できます。
2. **Run crashed**
   実験がクラッシュ（例：メモリエラーやプログラムのバグ）した場合に通知を受け取る設定です。この通知があることで、長時間放置することなく問題を解決できます。

3. wandb.alertを使用したカスタム通知

学習中に特定の条件を満たした場合や、独自のイベントをトリガーに通知を送ることができます。この機能については後述します（「wandb.alertを使ったカスタム通知」）。

設定方法

通知設定は、WandBのWeb UIの右上にあるアカウントアイコンをクリッククリックして（図2.26❶）「User settings」を選択すれば（図2.26❷）、行えます。図2.26❸は、通知の設定画面の例です。メールは、WandBに登録したメールアドレスに送信されます。

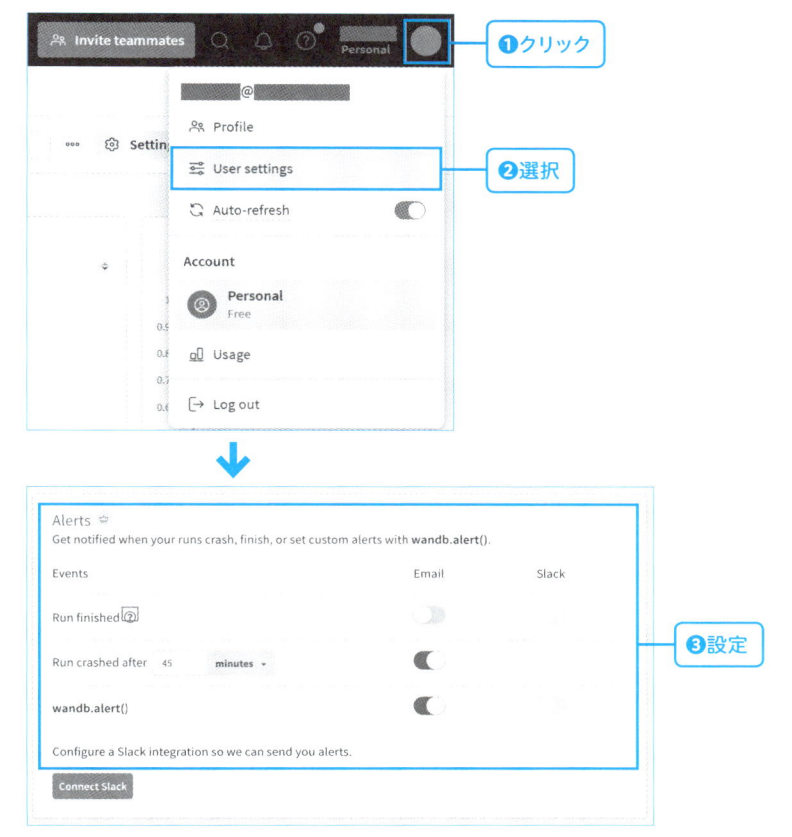

図2.26：通知の設定画面の例

wandb.alertを使ったカスタム通知

WandBでは、コード内でwandb.alertを使用して特定の条件で通知を送ることが可能です。これにより、実験中の重要なイベントをトリガーにして通知を送信することができます。

リスト2.37は、wandb.alertの実装例です。

リスト2.37　lossがNaNの場合に、通知を送る

```
In
if loss is None or (isinstance(loss, float) and not ➡
loss == loss):
    wandb.alert(
        title="Loss is NaN!",
        text=f"Loss became NaN at epoch {epoch}. ➡
Check your model or data pipeline."
    )
```

このコードでは、学習中にlossがNaNになった際に通知を送る仕組みを実装しています。titleとtextを自由にカスタマイズすることで、必要な情報を含めた通知を設定できます（図2.27）。

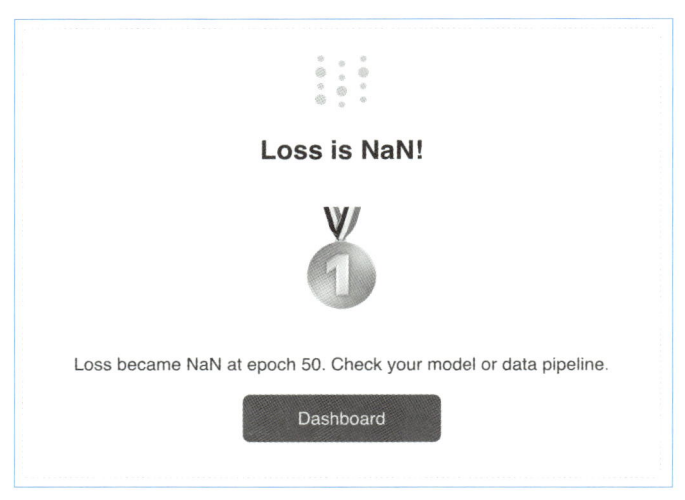

Loss is NaN!

Loss became NaN at epoch 50. Check your model or data pipeline.

Dashboard

図2.27：メールでの通知

Slackとの連携

WandB は Slack との連携にも対応しており、通知を Slack の指定した チャンネルに送ることができます。これにより、チームでの情報共有がス ムーズになります。

Slack連携の設定手順：

1. WandBの「Alerts」ページにアクセス

WandB の Web UI で「Settings」→「Alerts」から設定画面に進みます。

2. Slackを接続

「Connect Slack」をクリックし（図2.28）、通知を送りたい Slack の ワークスペースを選択します。

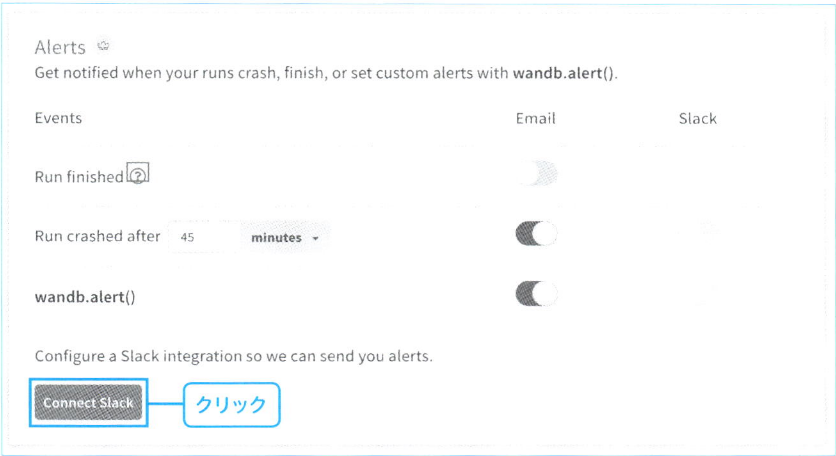

図2.28：アラートの設定画面

3. 通知先のチャンネルを選択

接続後、通知を受け取りたい Slack チャンネルを選択します。複数の チャンネルがある場合、実験に適したチャンネルを設定して下さい。

Slack連携が正常に完了すると、WandBの「Slack integration」に連携されたSlackのWorkspace名とChannel名が表示されます（図2.29）。これにより、どのワークスペースおよびチャンネルに通知が送信されるかを確認できます。

また、設定した通知内容がSlackに届いているかをテストすることが可能です。例えば、実験の完了やエラー通知のイベントに応じて、WandBが送信するメール通知と同じ内容がSlackにもリアルタイムで通知されていることを確認できます（図2.30）。

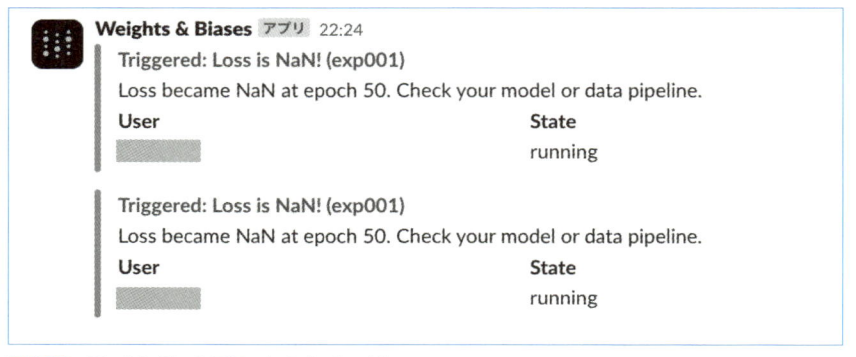

図2.29：Slack連携後のアラートの設定画面

図2.30：Slackに届いたアラートのメッセージ

また、alertのtextに<@USER_ID>を追加すると（リスト2.38）、自分自身や特定のメンバーのメンションができます。SlackのユーザーIDは、ユーザープロフィールページから「メンバーIDをコピー」で見つけることができます（図2.31 ❶❷、図2.32）。

リスト2.38　メンション付きで通知を送る

```
if loss is None or (isinstance(loss, float) and not
loss == loss):
    wandb.alert(
        title="Loss is NaN!",
        text=f"<@USER_ID> Loss became NaN at epoch
{epoch}. Check your model or data pipeline."
    )
```

図2.31：Slackプロフィール画面

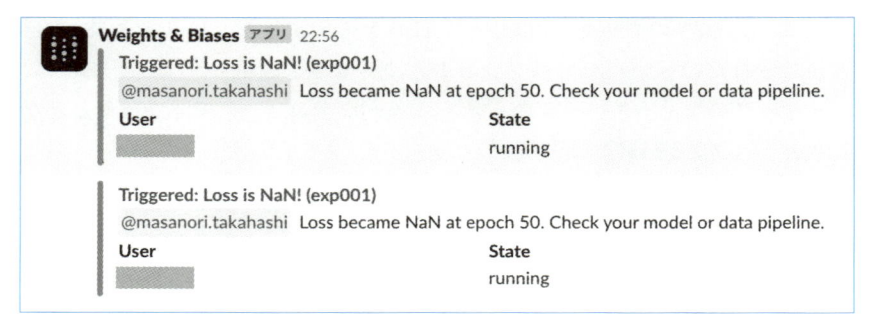

図2.32：メンション付きのアラートの例

2.3 Notion：アイデア整理、実験管理、TODO 管理

　実験を管理するためのツールの1つとしてここではNotionを紹介します。Notionは、ドキュメント作成、タスク管理、データベース作成などを1つのツールで行えるオールインワンの万能アプリです。特徴的なのは、「/」コマンドでページ内の様々な要素（見出し、リスト、表など）を簡単に追加できることです。また、ドラッグ＆ドロップで直感的にページを整理できます。

　Notion の サイト （ URL https://www.notion.com） にアクセスして「Notionを無料で入手」をクリックし（図2.33❶）、「Notion アカウントを作成」ダイアログでアカウントを作成します。ここでは「Google アカウントでログインする」をクリックして（図2.33❷）、「アカウントの選択」ダイアログでアカウントをクリックします（図2.33❸）。すると Notion にログインできます（図2.33❹）。画面はサイドバーとエディタに分かれています。新規ページを利用するにはサイトバーの上にある ✎ をクリックします（図2.33❺）。

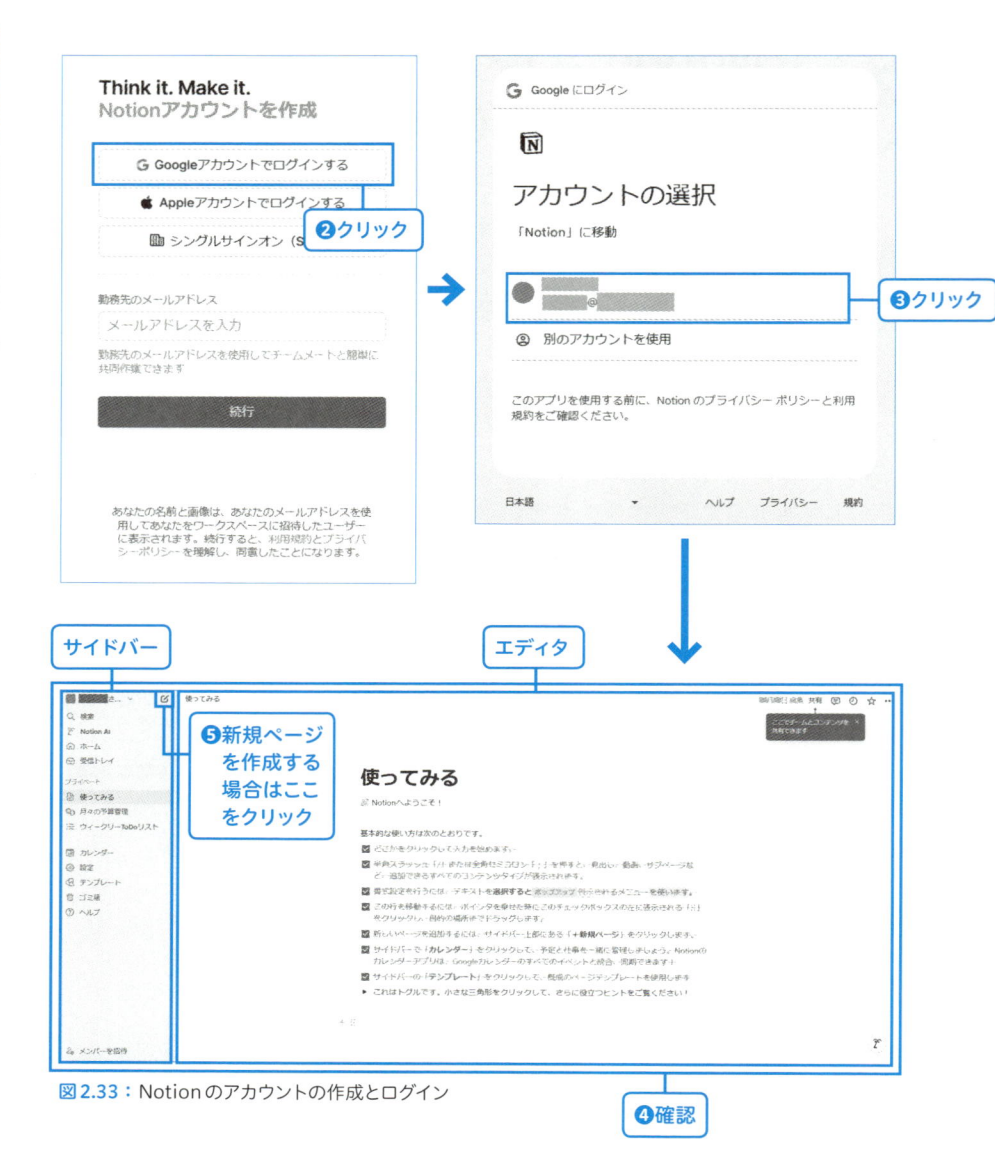

図2.33：Notionのアカウントの作成とログイン

なお、Notionの詳細な使い方については、公式サイトのヘルプとサポート（**URL** https://www.notion.com/ja/help）や関連書籍を参照して下さい。

例えばKaggleでNotionを使用する際には、図2.34のような現在参加しているコンペ専用のページを作成すると良いでしょう。1枚のページでTODO管理、実験管理、ドキュメント整理が可能です。

図2.34：コンペ専用ページ

　ここからは、NotionでのTODO管理、実験記録の整理、ドキュメントの整理について、それぞれ詳しく説明していきます。

ボードビューを用いたTODO管理

　TODO管理ではNotionのボードビューを使用します。ボードビューではタスクのステータスごとに、タスクを管理することが可能です。やるべきタスクや改善案が浮かんだ場合はまずは「未着手」のところに追加すると良いでしょう。また、タスク名とステータスに加えてボードビューでは自由にプロパティを追加することが可能です。例えばここの例ではプロパティとしてタグを追加し、タスクの優先度を表示させています。こうすることで、未着手のタスクに着手したい場合、どのタスクから取り組むべきか優先度の判断が容易になります。

　ボードビューの作成手順は以下の通りです。

1. 新規ページでタイトル（例：UM - Game-Playing Strength of MCTS Variants）を入力（図2.35 ❶）
2. 「/」と入力して（図2.35 ❷）、「ボードビュー」を選択（図2.35 ❸）
3. データベースの名前（例：「TODO管理」）を入力（図2.36）
4. 右上の「・・・」→「プロパティ」→「＜項目名＞」から必要な項目を追加。ここでは「優先度」プロパティ（図2.37 ❶〜❹）を追加
   - 「ステータス」プロパティ：未着手、進行中、完了などの状態を管理
   - 「優先度」プロパティ（図2.38）：high、medium、lowなどのタグを設定

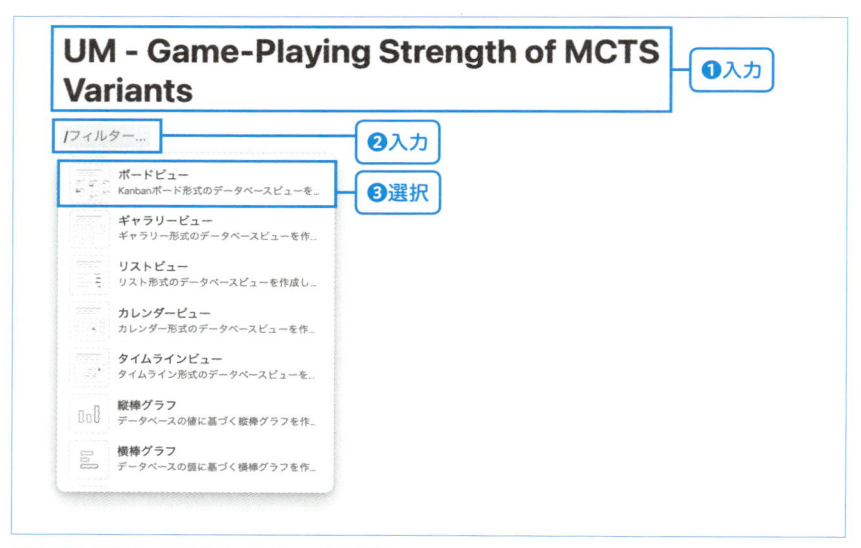

図2.35：新規ページで「ボードビュー」を選択

図2.36：ボードビューで作成されたTODO管理

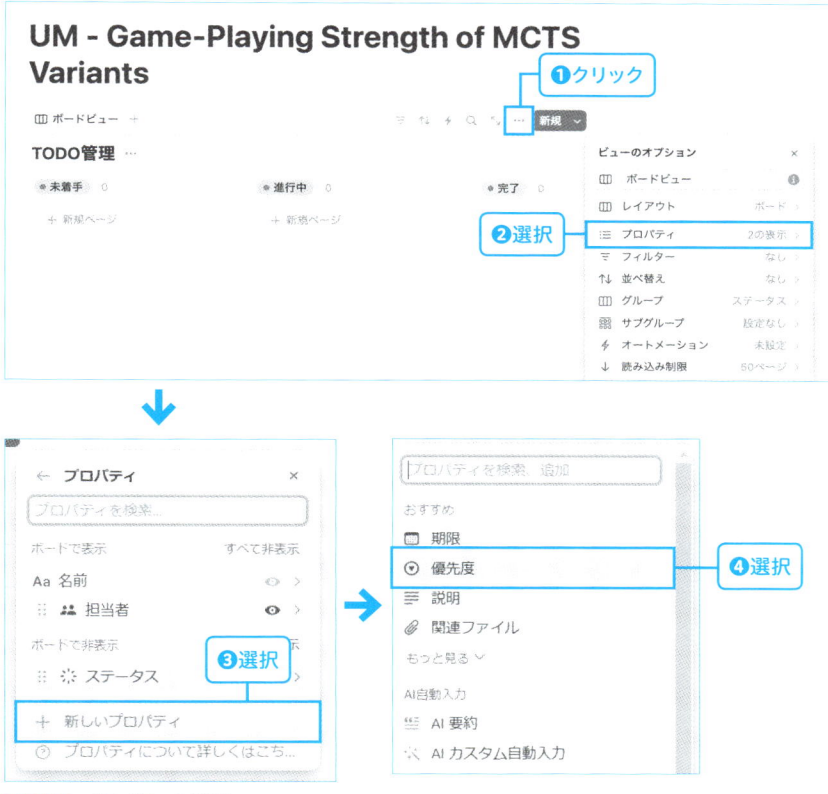

図 2.37：プロパティの追加

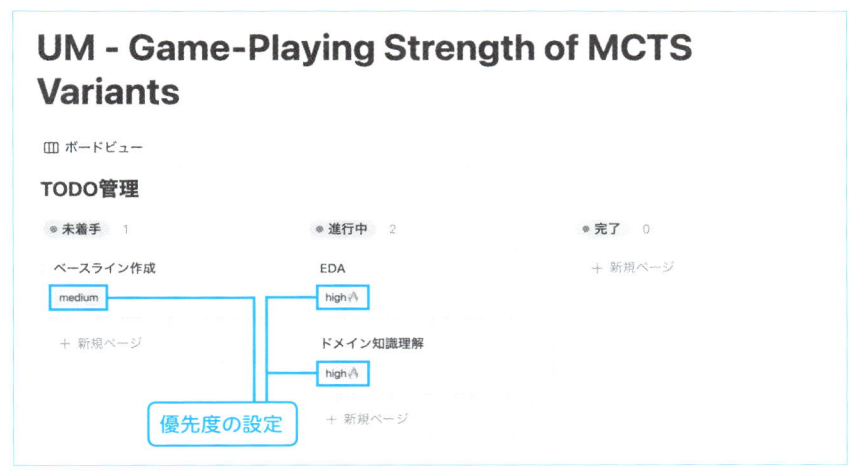

図 2.38：優先度の付与

テーブルビューを用いた実験記録の整理

次にNotionのテーブルビューを用いた実験記録を整理する方法を紹介します。

テーブルビューでは1行ごとに実験内容を記述することが可能です。カラムは自由に設定することができ、図2.41の例では、実験ID、CV、LB、CV-LB、memo、派生元のカラムを設定しています。

ここで実験IDが先述した、1実験1Notebookとした場合のNotebook名と対応します。つまりexp001.ipynbで算出されるCVとLBの値がこの1行にまとまることになります。Notionのテーブルビューには数式の機能もあります。そのため、CVとLBの値を記入すると、自動でCV-LBの値を算出することができます。複数回の実験におけるCV-LBの値の推移を見ることで、CVの向上がLBの改善に寄与しているか確認できます。また、memoにはどのような実験をしたかを書いておくと、テーブルビュー上で実験ごとの内容を理解することが可能です。

以下の手順で作成できます。

1. 「/」と入力して（図2.39❶）、「テーブルビュー」を選択し（図2.39❷）、データベースにテーブルを作成
2. データベースの名前（例：「実験管理」）を入力（図2.40❶）
3. 1つ目のカラム（例：「実験ID」）を入力（図2.40❷）。2つ目以降を追加する場合は「+」からカラムを追加（図2.40❸）。追加した例は図2.41を参照。

子ページから実験ごとの詳細なドキュメント作成することもできます（図2.42❶❷）。

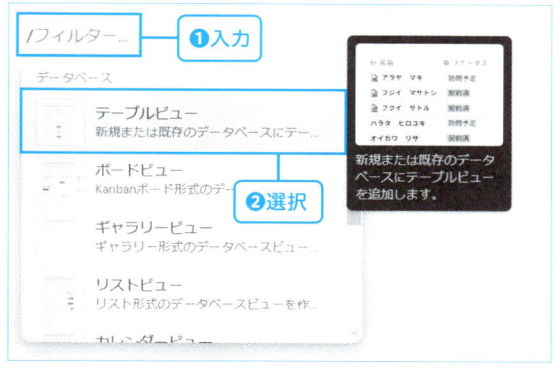

図2.39：新規ページで「テーブルビュー」を選択

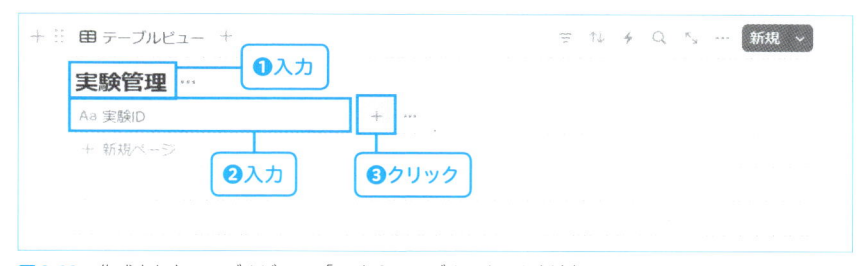

図2.40：作成されたテーブルビュー。「+」からテーブルのカラムを追加

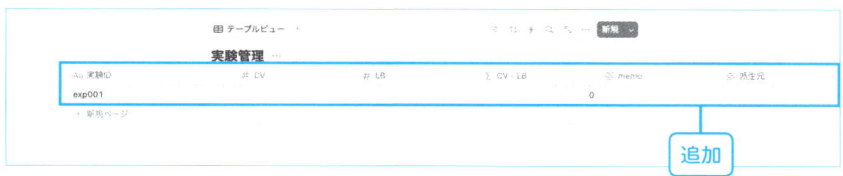

図2.41：追加したカラムの例

図2.42：子ページから実験ごとの詳細なドキュメント作成

ドキュメントの整理

　最後にドキュメントを整理する方法を紹介します。Notionでは「/」と入力して（図2.43❶）、「ページ」を選択すると（図2.43❷）、このコンペページの中に子ページを埋め込むことができます。

　図2.44はコンペ概要ページを簡条書きでまとめた例です。一度まとめておくと、毎回KaggleのOverviewページの英語を読まなくても済みます。

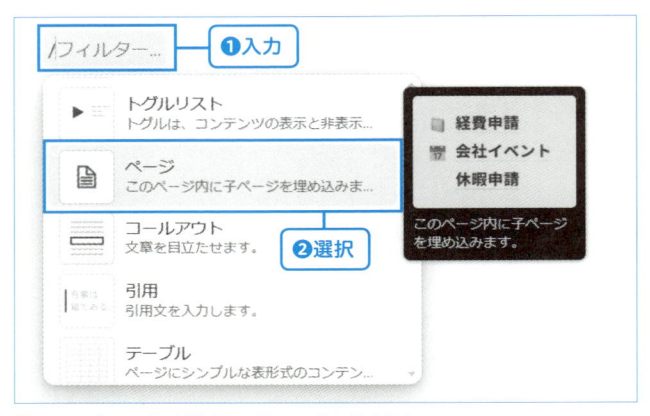

図2.43：「ページ」を選択し、子ページを埋め込む

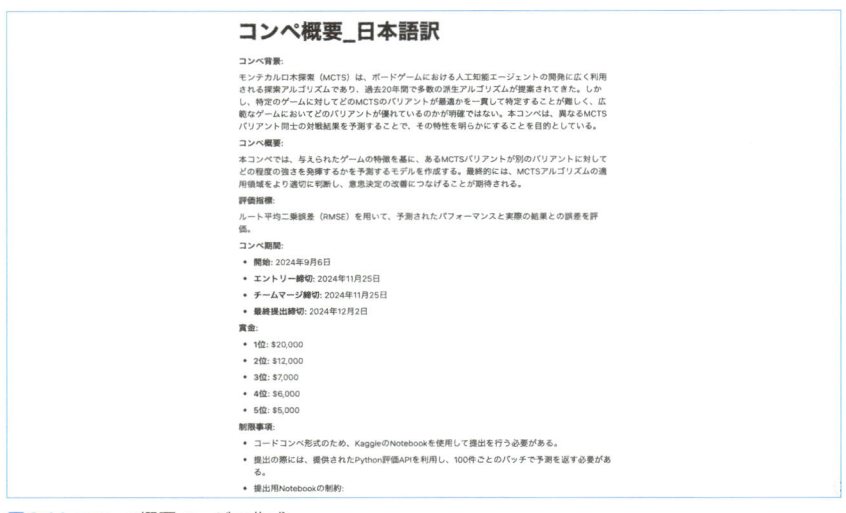

図2.44：コンペ概要ページの作成

　評価指標のまとめページを作る際には、Kaggleのページの画像や数式などをキャプチャしてメモを残すことができます（図2.45）。また、Notionではドキュメントに簡単にコードブロックを追加することができます。例えば、LightGBMでRMSEを最適化する際のパラメータや、RMSEを算出するコードをメモしたい場合、コードブロックとして書き残すことが可能です（図2.46）。こうすることでベースライン作成時に、このドキュメントのコードをコピー＆ペーストして自分のエディタで利用できます。

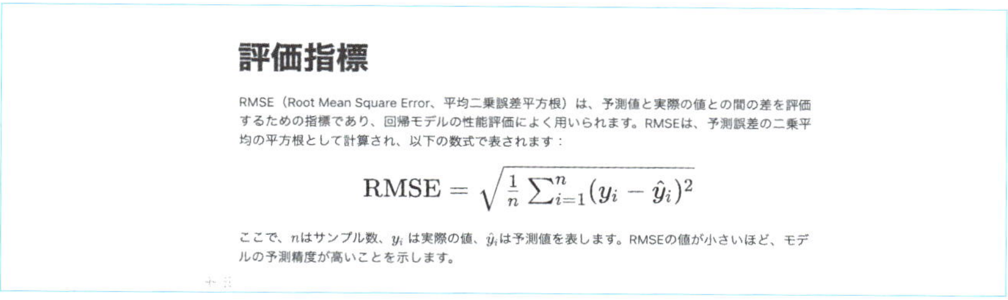

評価指標

RMSE（Root Mean Square Error、平均二乗誤差平方根）は、予測値と実際の値との間の差を評価するための指標であり、回帰モデルの性能評価によく用いられます。RMSEは、予測誤差の二乗平均の平方根として計算され、以下の数式で表されます：

$$\mathrm{RMSE} = \sqrt{\frac{1}{n} \sum_{i=1}^{n} (y_i - \hat{y_i})^2}$$

ここで、nはサンプル数、y_iは実際の値、$\hat{y_i}$は予測値を表します。RMSEの値が小さいほど、モデルの予測精度が高いことを示します。

図2.45：評価指標のまとめページ

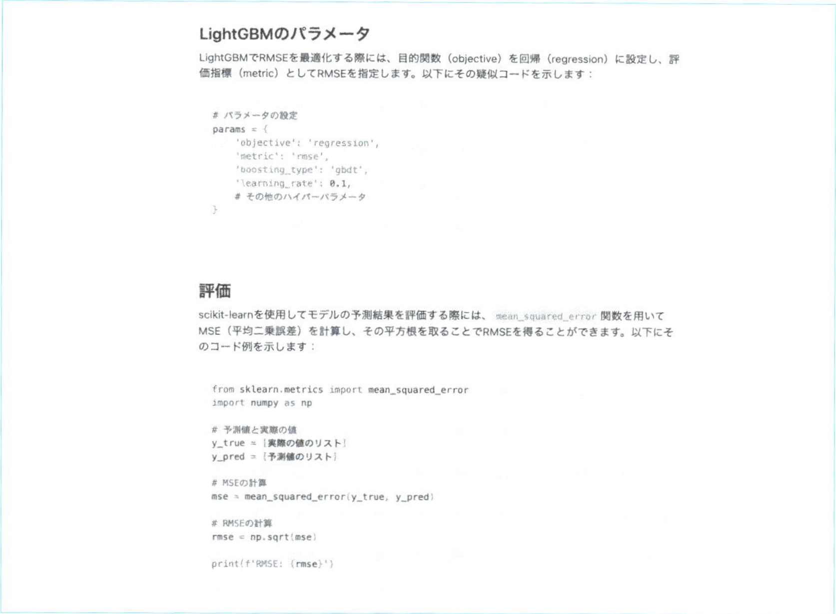

LightGBMのパラメータ

LightGBMでRMSEを最適化する際には、目的関数（objective）を回帰（regression）に設定し、評価指標（metric）としてRMSEを指定します。以下にその疑似コードを示します：

```
# パラメータの設定
params = {
    'objective': 'regression',
    'metric': 'rmse',
    'boosting_type': 'gbdt',
    'learning_rate': 0.1,
    # その他のハイパーパラメータ
}
```

評価

scikit-learnを使用してモデルの予測結果を評価する際には、`mean_squared_error` 関数を用いてMSE（平均二乗誤差）を計算し、その平方根を取ることでRMSEを得ることができます。以下にそのコード例を示します：

```
from sklearn.metrics import mean_squared_error
import numpy as np

# 予測値と実際の値
y_true = [実際の値のリスト]
y_pred = [予測値のリスト]

# MSEの計算
mse = mean_squared_error(y_true, y_pred)

# RMSEの計算
rmse = np.sqrt(mse)

print(f'RMSE: {rmse}')
```

図2.46：コードブロックの埋め込み

テンプレート機能を用いたコンペ専用ページの作成

コンペ専用ページを毎回一から作成するのは手間がかかります。そこで活用したいのが、Notionのテンプレート機能で、効率的にページを作成することができます。

テンプレートの作成

まずは新規のページで参加コンペのデータベースを作成します。テーブルビューを用いた実験記録の整理と同様の方法でテーブルビューを作成し、必要なカラムを設定します。このデータベースは、参加したコンペの一覧を管理するページとなります。

データベース作成後、テンプレートの作成に移ります。「開く」をクリックし（図2.47 ❶）、「テンプレートを作成してください」をクリックします（図2.47 ❷）。表示されるテンプレート編集ページで（図2.48）、TODO管理、実験記録、ドキュメント整理などの必要な要素を配置していきます。見出しの設定やブロックの活用で、より見やすい構成にすることができます。完成したテンプレートは図2.49のようになります。

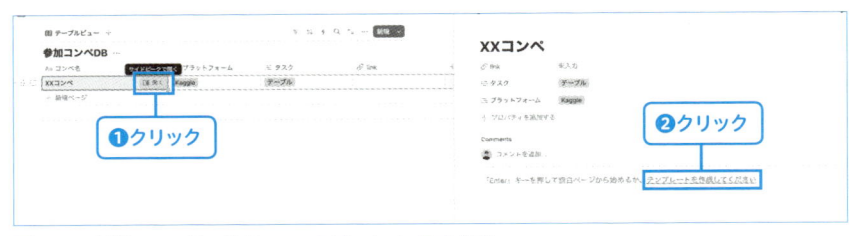

図2.47：新規のページで参加コンペのデータベースを作成

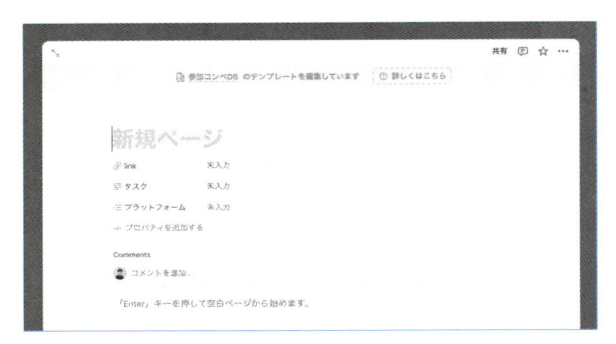

図2.48：テンプレート編集ページ

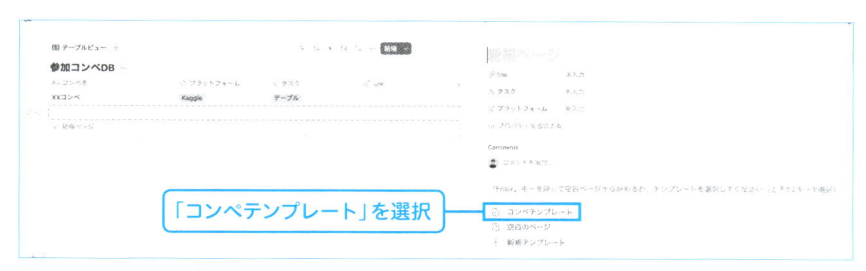

図 2.49：作成したテンプレートの例

テンプレートの使用

　作成したテンプレートは自動で保存されます。参加したコンペの一覧ページに戻り「開く」をクリックすると、子ページ内に作成した「コンペテンプレート」が表示され、そこからテンプレートを使用できます（図 2.50）。このテンプレートを一度作成しておけば、自分好みのページを何度でも利用することができます（図 2.51）。

図 2.50：コンペテンプレートの選択

図2.51：保存されたコンペテンプレート

　ここで紹介したテンプレートの活用方法は一例です（**図2.52**）。実際の運用では、ご自身のワークフローに合わせてカスタマイズすることをお勧めします。基本的な要素としてTODO管理、実験記録、ドキュメント整理の機能を備えることで、効率的なコンペ参加が可能になります。テンプレートは経験を重ねながら随時改善でき、複数のコンペに参加することで参加履歴も自然と蓄積されていきます。このように、Notionを活用することでKaggleコンペに関する情報を一元管理できる環境を構築できます。

図2.52：テンプレート活用の例（参加コンペDB）

2.4 その他ツールについて

本Chapterではツールの1つとしてWandBを紹介しましたが、実験管理ツールには様々なサービスがあります。

- TensorBoard　**URL** https://www.tensorflow.org/tensorboard
- MLflow　**URL** https://mlflow.org
- Comet.ml　**URL** https://www.comet.com/site
- neptune.ai　**URL** https://neptune.ai
- ClearML　**URL** https://clear.ml
- Sacred　**URL** https://github.com/IDSIA/sacred
- Artemis　**URL** https://github.com/QUVA-Lab/artemis
- Polyaxon　**URL** https://polyaxon.com

Kaggleではこれらのツールの中でどれが人気なのかを調べてみました。表2.5に、Kaggleの検索機能を使って調査した結果をまとめています（本書執筆時点：2025年1月）（図2.53）。

この結果から、WandBがKaggleで最も使用されていることがわかります。深層学習特化のTensorBoardに対してLightGBMなどの主要な汎用ライブラリに対応しているWandBは、幅広い用途に対応できるため、Kaggleでの利用が進んでいると言えるでしょう。

表2.5：Kaggleの検索機能を使って調査したツールの人気（本書執筆時点：2025年1月）

ツール	ヒット数	直近90日での数
WandB	10,052	1,158
TensorBoard	8,892	665
Comet ML	125	15
Neptune.ai	517	9
ClearML	160	11
Polyaxon	55	0

図 2.53：TensorBoard における検索例

　また、Kaggle ではデータサイエンスと機械学習の現状について真に包括的な見解を示す業界全体の調査として Kaggle Survey が行われています。2020 年以降、この調査の一環として機械学習実験の管理に役立つツールに関する項目が追加されています。図 2.54 は 2022 年における回答結果です。2022 年時点では TensorBoard、MLflow、WandB が人気の実験管理ツールトップ 3 となっているようです。それぞれのツールの長所を理解して使いこなしていくほうが良いでしょう。

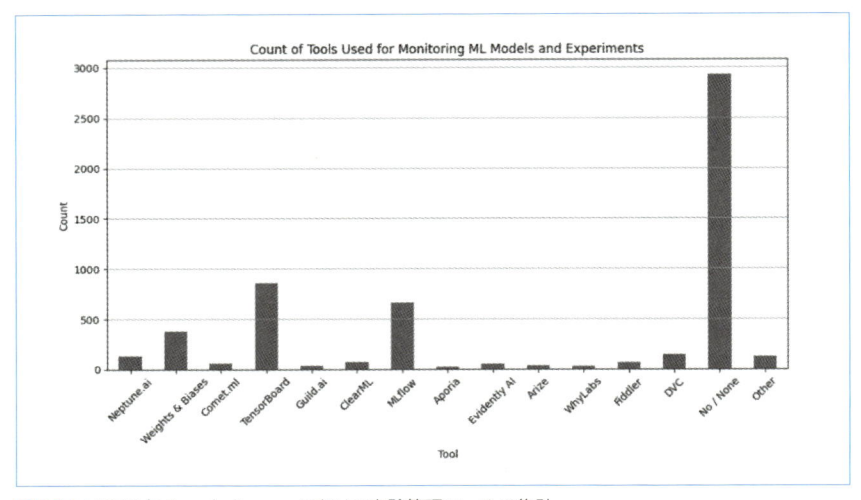

図 2.54：2022 年 Kaggle Survey における実験管理ツールの集計

まとめ

　この Chapter では、WandB と Notion を用いた実験管理について紹介しました。WandB で実験のログやハイパーパラメータを管理し、Notion でタスクやアイデアを整理することで、効率的な実験サイクルを構築できます。紹介したのはほんの一部の機能ですが、まだまだ活用できる機能はたくさんあります。ツールの特性を理解し、自分のワークフローに最適な形で組み合わせることが重要です。自分なりにカスタマイズしながら、実験管理の型を見つけていきましょう。

コラム

TensorBoard

TensorBoard は、Google が開発した機械学習の実験に必要な可視化機能です。もともと TensorFlow のために作られたものですが、現在では PyTorch や LightGBM をはじめとする様々なフレームワークでも利用できます。このツールは、学習中の loss や精度の推移をリアルタイムで確認したり、モデルの構造や分布、埋め込みデータを可視化したりする機能を提供しています。ブラウザ上で動作するため、直感的なインターフェースで簡単にデータを探索できます。

TensorBoard と WandB の違い

TensorBoard と WandB は、どちらも機械学習のログを記録し、可視化するためのツールですが、アプローチに違いがあります。
WandB はクラウドベースのツールで、ログは自動的にクラウドに保存されます。このため、どこからでもアクセス可能で、特にチームメンバーと結果を共有する場合に便利です。一方、TensorBoard は主にローカル環境で動作します。ログは指定したディレクトリに保存され、ブラウザから直接閲覧できます。
また、機能の幅にも違いがあります。WandB はハイパーパラメータのチューニングや比較、レポート作成などの機能に優れており、プロジェクト管理ツールとしての側面も強いです。一方、TensorBoard は軽量で簡単にセットアップできるため、手早く結果を可視化したい場合やローカル環境での利用に向いています。どちらを使うべきかは、用途やプロジェクトの規模によります。

TensorBoard のサンプルコード

リスト 2.39 のコードは、epoch ごとの loss を TensorBoard に記録する例です。このログは後ほど可視化され、loss の推移をグラフとして確認できます。
まず、TensorBoard にログを記録するために `SummaryWriter` を用意します。このクラスを使ってログディレクトリを指定し、ログデータを保存する準備を行います。そのあと `writer.add_scalar` で TensorBoard にログを記録することが可能になります。

リスト2.39　TensorBoardのサンプルコード

```python
import os
import random
from torch.utils.tensorboard import SummaryWriter

log_dir = "tensorboard_logs"
os.makedirs(log_dir, exist_ok=True)

# 初期化
writer = SummaryWriter(log_dir)
for epoch in range(1, 21):
    train_loss = random.random()
    val_loss = random.random()

    # TensorBoardにlossを記録
    writer.add_scalar("Loss/Train", train_loss, epoch)
    writer.add_scalar("Loss/Validation", val_loss, epoch)
writer.close()

%load_ext tensorboard
%tensorboard --logdir tensorboard_logs
```

コードを実行したあと、ターミナルでコマンド2.1を実行します。

コマンド2.1　実行コマンド

```
tensorboard --logdir=tensorboard_logs
```

このコマンドによりTensorBoardが起動し、指定したディレクトリに保存されたログを読み込みます。URL（通常は`http://localhost:6006`）が表示されるので、ブラウザでアクセスして下さい。
ブラウザ上には、「Loss/Train」と「Loss/Validation」の2つのグラフが描画されます（図2.55）。それぞれ、学習時と検証時のlossの推移を確認できます。

図2.55：TensoBoardによるlossの可視化

LightGBMの学習過程を記録

次に、より具体的な応用例として、LightGBMの学習中に得られるlossを
TensorBoardで可視化する方法を紹介します。

リスト2.40のコードは、LightGBMのtrain関数を用いてモデルを学習し、
カスタムコールバック関数を利用して学習時と検証時のlossをTensorBoard
に記録する例です。

リスト2.40　カスタムコールバック関数を利用したTensorBoardのサンプルコード（一部抜粋）

```python
import os
import random
import numpy as np
import pandas as pd
from sklearn.datasets import ➡
fetch_california_housing
from sklearn.model_selection import train_test_split
from sklearn.metrics import mean_squared_error
from torch.utils.tensorboard import SummaryWriter
import lightgbm as lgb
(…略…)
# データセットを取得
data = fetch_california_housing()
df = pd.DataFrame(data.data, ➡
columns=data.feature_names)
```

```python
y = pd.DataFrame(data.target,
columns=data.target_names)

X_train, X_test, y_train, y_test = train_test_split(
 df[config.features],
 y,
 test_size=config.test_size,
 random_state=config.random_state
)
```
（…略…）
```python
# LightGBM用のデータセットに変換
train_data = lgb.Dataset(X_train, label=y_train)
test_data = lgb.Dataset(X_test, label=y_test,
reference=train_data)

def tensorboard_callback(env):
    for eval_result in env.evaluation_result_list:
        metric_name = eval_result[1]
        score = eval_result[2]
        data_name = eval_result[0]
        iteration = env.iteration
        writer.add_scalar(f"{data_name}/
{metric_name}", score, iteration)

# モデルのパラメータを設定
params = {
    'learning_rate': config.learning_rate,
    'num_leaves': config.num_leaves,
    'objective': config.objective,
    'metric': config.metric,
    'feature_fraction': config.feature_fraction
}
```

```
# モデルを学習
model = lgb.train(
    params,
    train_data,
    num_boost_round=config.n_estimators,
    callbacks = [
        lgb.early_stopping(stopping_rounds=config.➡
stopping_rounds, verbose=True),
        lgb.log_evaluation(config.log_evaluation),
        tensorboard_callback
    ],
    valid_sets=[train_data, test_data],
)

# 学習終了後にTensorBoardライターを閉じる
writer.close()
(…略…)
```

カスタムコールバック関数 `tensorboard_callback` は、LightGBMの学習中に記録される評価指標（例：lossや精度）をTensorBoardに記録するための関数です。この関数では、`env.evaluation_result_list` から評価結果（データセット名、メトリクス名、スコア）を取得します。その後 `writer.add_scalar` を用いてTensorBoardに記録され、`training/rmse` や `valid/rmse` といった名前でlossや評価指標の推移が可視化されます。この仕組みにより、学習の進捗をリアルタイムで追跡し、モデルの改善状況を直感的に把握することができます。

コードの実行後、前述の手順と同様にコマンド2.2でTensorBoardを起動します。

コマンド2.2　TensorBoardの起動コマンド

```
tensorboard --logdir=tensorboard_logs
```

これにより、LightGBMの学習時と検証時のlossがイテレーションごとにプロットされたグラフを確認できます（図2.56）。

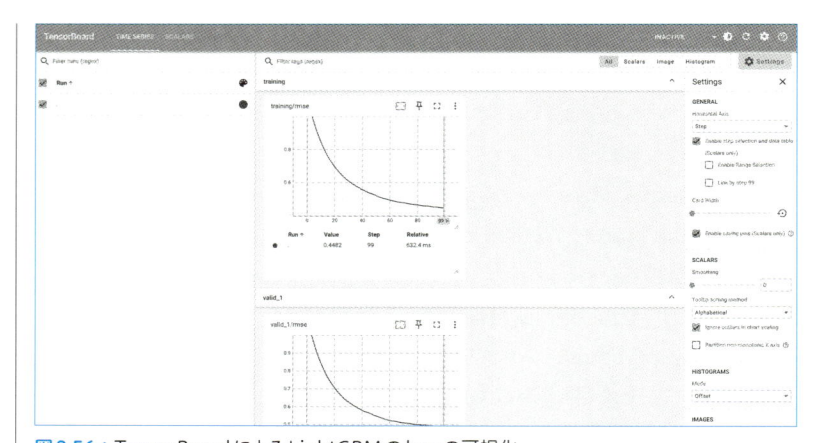

図2.56：TensorBoardによるLightGBMのlossの可視化

## CHAPTER 3

生成AIの活用

このChapterでは生成AIの活用としてKaggleでの
ChatGPTを用いた取り組み方について解説します。

3.1 ChatGPTの活用

　ChatGPTは、OpenAI社が開発した大規模言語モデルで、対話形式で人間の質問に答えることができる生成AIの一種です。2022年11月に一般公開され、すぐに世界中で話題となりました。本書執筆時点（2025年1月）での最新モデルはo1ですが、今後さらに新しいバージョンのモデルも出てくることが予想されます。本書ではGPT-4oを用いた取り組みを紹介します。GPT-4oは、テキストだけでなく、音声や画像などマルチモーダルな入力に対応し、テキストや画像の出力に対応しています。さらに、Plusプランへの加入がなくても、一定の回数制限内であれば無料でGPT-4oを利用できるようになりました。

　このように様々な機能と利点を持つChatGPTですが、使用する際は注意すべき点もあります。特に、ハルシネーション（事実とは異なる回答）については注意が必要です。そのため、ChatGPTを用いる場合は、出力結果を全面的に信頼するのではなく、参考情報として活用することが重要です。

ChatGPTの始め方

　ChatGPTを利用するには、OpenAI社のサイト（**URL** https://openai.com/ja-JP/chatgpt/overview）にアクセスして、「今すぐ始める」をクリックします（図3.1❶）。次のページで「サインアップ」をクリックします（図3.1❷）。「アカウントの作成」ダイアログでアカウントの作成方法を選択します。ここでは「Googleで続行」をクリックします（図3.1❸）。「アカウントの選択」ダイアログで登録するメールアドレスをクリックします（図3.1❹）。「OpenAIにログイン」ダイアログで「次へ」をクリックすると（図3.1❺）、「GPT-4o」に対応したChatGPTを利用できるようになります（図3.1❻）。

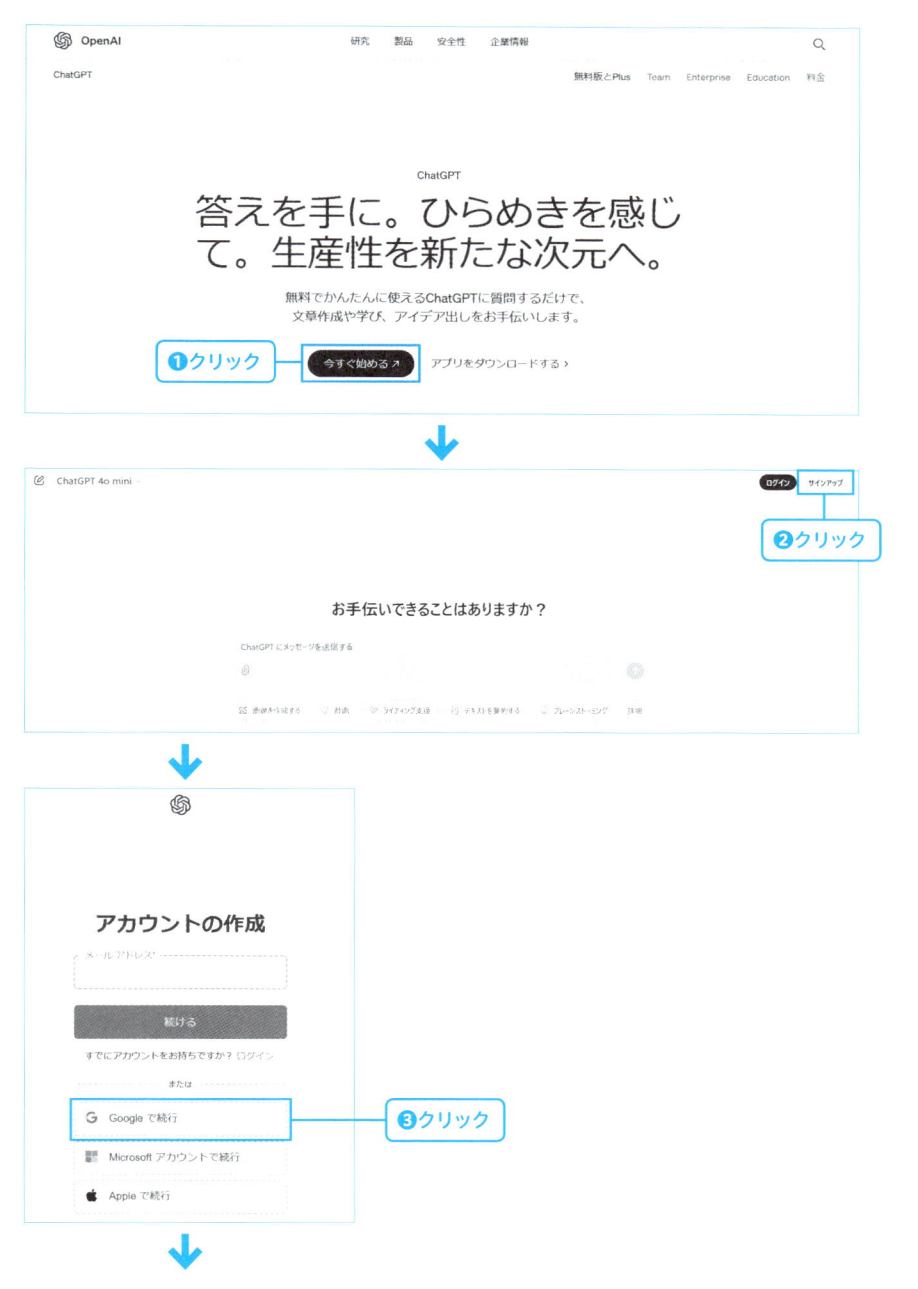

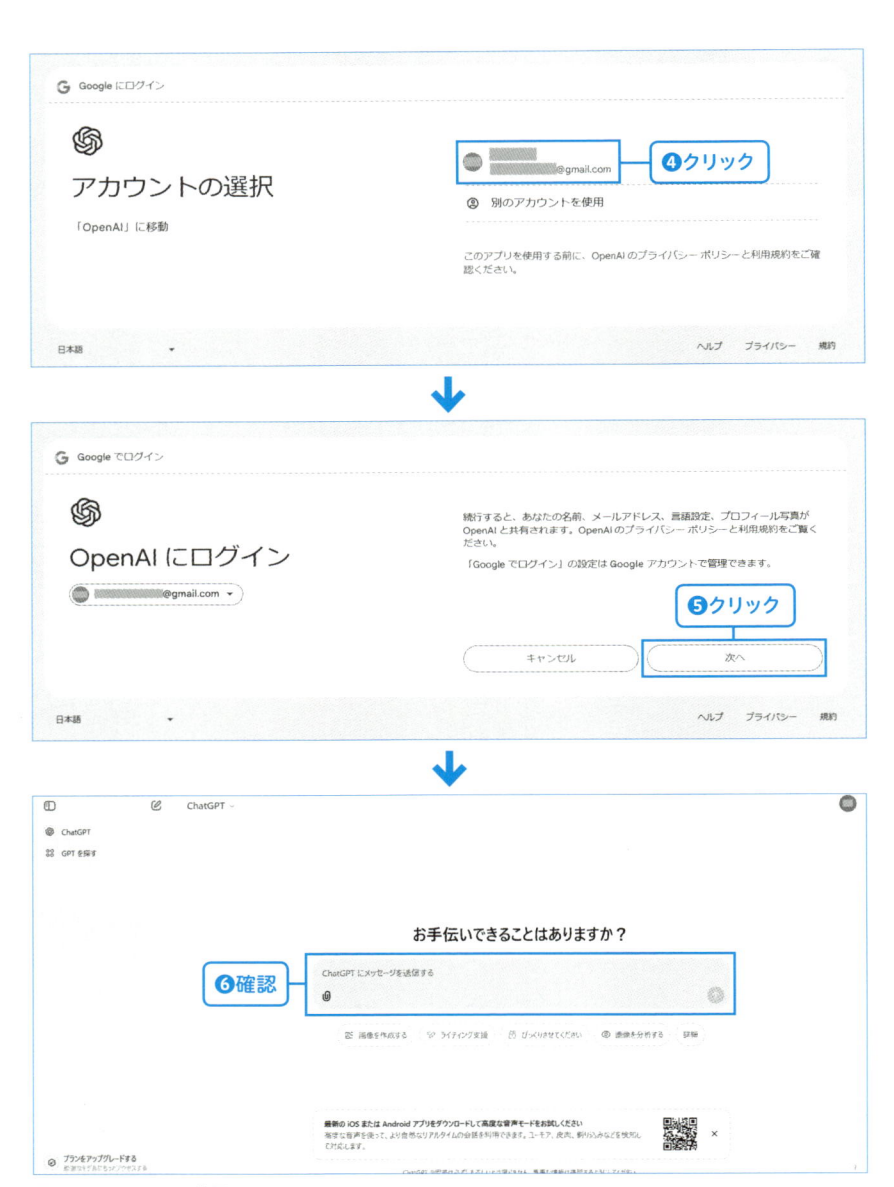

図3.1：GPT-4oの利用

　このChapterでは、ChatGPTを活用してKaggleでのスコアを向上させる方法を具体的に解説します。ChatGPTの力を借りながら、メダルを目指していきましょう。

3.2 Kaggleが初学者にとって難しい理由

　Kaggleは、データサイエンスの実力を試したりスキルアップしたりするのに適したプラットフォームですが、初学者の方にとってはいくつか難しいと感じることがあるかもしれません。

　まず、情報の壁が挙げられます。コンペの情報、データの説明、Discussionなど、多くの情報が英語で提供されています。英語に不慣れな場合、これらの情報を理解するだけでも大きな負担となります。また、コンペによっては、医学、生物学、物理学など、特定の分野のドメイン知識が求められることがあります。これらの知識がない場合、課題設定やデータそのものを理解するのに苦労することがあります。さらに、コンペ期間中は活発なディスカッションが交わされますが、その情報量の多さに圧倒されてしまうこともあります。どの情報が重要なのか、どのように活用すれば良いのか判断に迷うこともあるでしょう。

　次に、技術的な壁です。Kaggleでは、画像認識、音声解析、テキスト分類、時系列データ予測など、扱うデータの形式も多岐にわたり、それぞれに特有の処理方法を学ぶ必要があるため、そのデータを初めて扱う人にとってはややハードルが高いでしょう。さらに、評価指標もコンペごとに異なり、その意味や、どうすればスコアが良くなるのかを理解するのに苦労してしまうかもしれません。公開されているベースラインコードは非常に参考になりますが、初学者にとってはコードの全体像を把握したり、自分なりにカスタマイズしたりするのはやや難しいタスクとなるでしょう。

　さらに、ベースラインコードを動かして最初の結果が出たあと、次に何をすれば良いのかわからなくなるという壁も存在します。多くの場合、ベースラインは基本的なモデルと処理手順で構成されており、そこからどのように改善を進めていけば良いのか、具体的なアイデアが浮かびにくいことがあります。特に、どの部分を修正すればスコア向上につながるのか、改善点の仮説を立てることが難しいと感じるでしょう。手探りで様々な手法を試しても、時間や計算リソースが限られているため、非効率的な試行錯誤に陥ってしまう可能性があります。

　このように様々な難しさがあるため、一度Kaggleで銅メダルを獲得でき

たものの、次のコンペへの挑戦をためらってしまったり、一度コンペディションに参加したものの途中で壁にぶつかり諦めてしまった経験がある人も少なくないでしょう。しかし、これらの課題に対して生成AIを活用することで、大きな助けとなる可能性があります（表3.1）。

表3.1：初学者がKaggleで直面する壁と生成AIの活用方法

大項目	小項目	初学者が感じる難しさ	生成AIの活用
情報の壁	英語での情報	• 英語が苦手 • 情報収集に時間がかかる • 内容を正確に理解できない	• 日本語での要約、翻訳
	ドメイン知識の要求	• 背景知識がなく、コンペ内容やデータを理解できない（例：医学、生物学、物理学）	• 概要説明 • 関連情報の提供 • 専門用語の解説
	膨大なDiscussion	• 情報量が多く、重要な情報を見つけられない	• Discussionの要約 • 重要トピックの抽出 • 議論の背景や関連情報の解説
技術的な壁	多様なデータ形式	• データの種類に応じた処理方法がわからない（例：画像、テキスト、音声、時系列データ）	• データ形式の説明 • 前処理方法の提案
	複雑な評価指標	• 評価指標の意味や最適化の方針が理解できない	• 評価指標の解説 • 最適化戦略の提案
	難解なベースラインコード	• コードの構造や処理の流れが理解できない • カスタマイズが難しい	• コードの解説 • 処理の流れの可視化 • 別の言語やフレームワークへの変換
	ベースラインの改善	• ベースラインに含まれているのは基本的な処理だが、次に何をすれば良いかわからない • スコアアップのための改善点が見つけられない	• 次に取り組むべき方針の相談やタスク分解 • 改善案のブレスト

3.3 コンペの概要サマリーの抽出

　Kaggleに参加する際、最初の障壁となるのが課題の理解です。Kaggleのすべてのコンペは基本的に英語で記述されており、多くの日本人Kagglerにとって言語の壁が大きな課題となります。さらに、専門的なドメイン知識が求められることが多く、コンペの理解が一層難しく感じられることもあります。そこで、ChatGPTを利用してコンペの概要を簡単に把握する方法を紹介します。

コンペの概要

　まず、ChatGPTを用いたコンペの概要ページを理解する方法を紹介します。

　Kaggleのコンペの概要ページにアクセスし、ページ全体を選択してコピーします。今回は "UM - Game-Playing Strength of MCTS Variants"（ **URL** https://www.kaggle.com/competitions/um-game-playing-strength-of-mcts-variants）を例に取って紹介します。ChatGPTに対して要約を依頼する際に使用するプロンプトはプロンプト3.1の通りです。

プロンプト3.1　コンペ概要理解のためのプロンプト

> **あなたは優秀なデータサイエンティスト兼Kaggler です。**
> **入力はKaggle のコンペ概要ページです。**
> **以下のフォーマットに従って、日本語で要約して下さい：**
>
> **#出力フォーマット**
> **コンペ背景：**
> **コンペ概要：**
> **評価指標：**
> **コンペ期間：**
> **賞金：**
> **制限事項：**
>
> **#入力**
> **{ ここにコピーした内容を貼り付ける }**

　GPT-4oは十分な長さのコンテクストウィンドウを持っているため、前処理なしでページ全体をそのままプロンプトに入力できます（図3.2、3.3）。また、コンペ概要以外の情報が含まれていても、GPT-4oの高い性能により、コンペの概要を正確に理解して要約することができます（図3.4）。

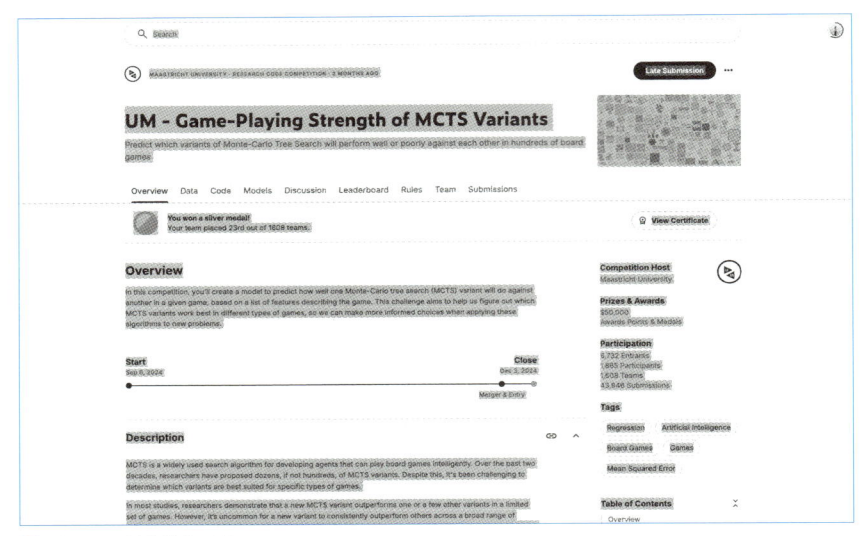

図3.2：ページ全体をコピー

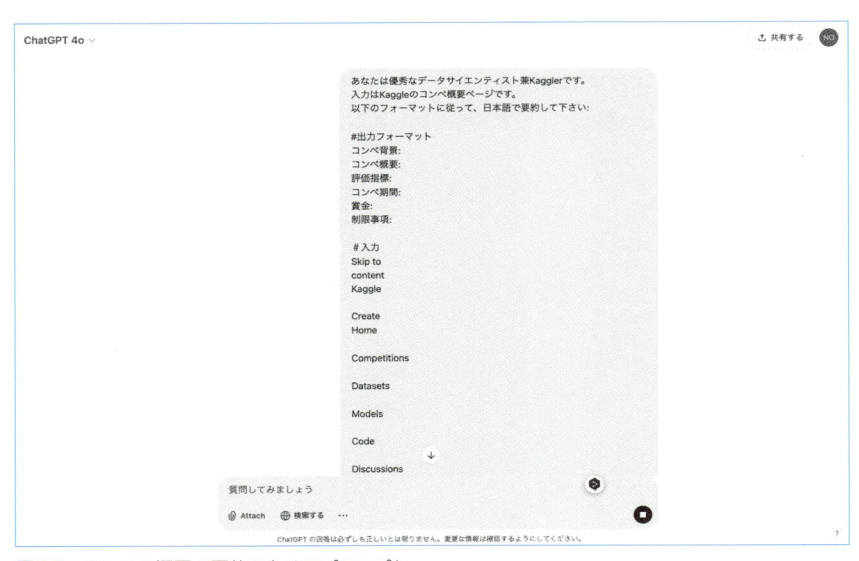

図3.3：コンペの概要の要約のためのプロンプト

図3.4：コンペの概要の要約結果

データセットの理解

　コンペの概要を把握したあとは、データセットの内容を理解する必要があります。データセットページには、提供されるデータの種類や各ファイルに含まれる情報など、コンペを進める上で不可欠な情報が記載されています。ただし、これらの情報は英語で記述されているため、内容の把握に時間を要する場合があります。コンペの概要理解と同様にデータセットページ全体をコピーしてChatGPTに入力して下さい（図3.5）。プロンプトはプロンプト3.2の通りです。結果は図3.6です。

プロンプト3.2　データセット理解のためのプロンプト

あなたは優秀なデータサイエンティスト兼Kagglerです。

入力はKaggleのデータセットページです。

以下のフォーマットに従って、日本語で要約して下さい：

#出力フォーマット

データの概要：

各ファイルの詳細な説明：

#入力

{ ここにコピーした内容を貼り付ける }

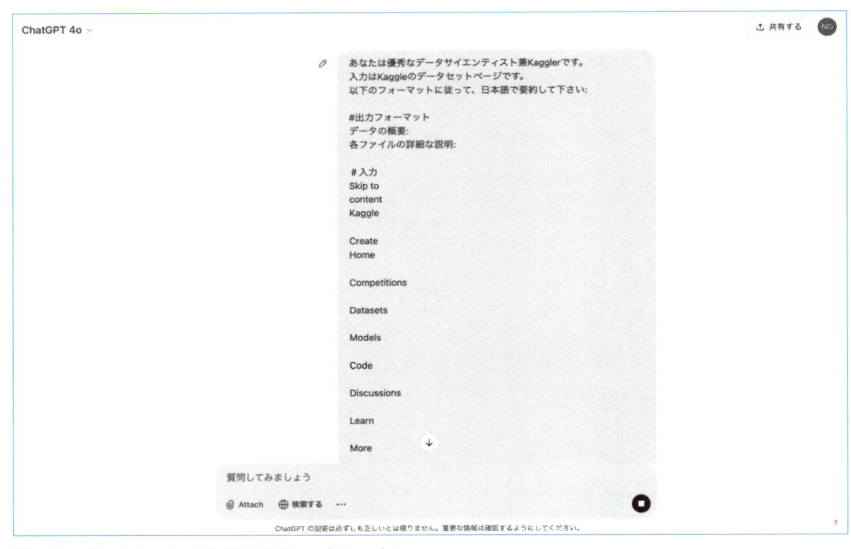

図3.5：データセットの理解のためのプロンプト

図3.6：データセットの要約結果

ドメイン知識の理解

データセットの内容を理解したあと、次に重要なのは、そのコンペに関連するドメイン知識の理解です。ドメイン知識とは、特定の分野に関する専門的な知識を指し、例えば、医療画像に関するコンペであれば医学的な知識、株価予測に関するコンペであれば金融に関する知識が必要となります。

ドメイン知識は、コンペの課題を深く理解し、適切な特徴量エンジニアリングやモデル選択を行うために不可欠です。しかし、特に初めてその分野に触れる人にとっては、専門的な知識をゼロから学ぶことが大きな負担となることがあります。

この点において、ChatGPT はドメイン知識の学習をサポートする強力なツールとなり得ます。専門用語の解説や関連分野の基礎的な知識、さらには学習に役立つリソースの紹介など、様々な形でサポートが可能です。

コンペ概要やデータセットを理解したあとに、プロンプト 3.3 のようなプロンプトを用いて ChatGPT に質問することで、必要なドメイン知識を効率的に学ぶことができます（図 3.7）。

プロンプト 3.3　ドメイン知識理解のためのプロンプト

このコンペに参加するにあたり必要なドメイン知識や機械学習の知識はどのような➡
ことがありますか？

図 3.7：ドメインや前提知識に関する回答

　この質問に対して、モンテカルロ木探索（MCTS）に関するドメイン知識が必要であると回答してくれています。多くのKagglerにはモンテカルロ木探索やLudii（ゲーム記述言語）について馴染みがないことが想定されますが、アルゴリズムのパラメータの詳細やLudiiを学ぶために必要な参考リンクや論文を紹介してくれています。このようにして、ChatGPTを活用することで、Kaggleのコンペ概要やデータセットの情報を迅速かつ的確に把握し、参加のハードルを大幅に下げることができます。

3.4 ベースラインの理解

コンペ概要とデータを理解できたので、次に取り組むべきはベースラインの作成です。しかし、初めてのデータやドメインのコンペに参加する場合、1 からベースラインを作成するのはハードルがあります。Kaggle では参加者から有益なベースラインが提供されるので、まずはその Notebook を理解し、改善していくことが初メダルへの近道です。Notebook が複数存在する場合、「Most Votes」で並び替えをして人気の高いものを選んでいくのが良いでしょう。

今回は "MCTS Starter" の Notebook（ **URL** https://www.kaggle.com/code/yunsuxiaozi/mcts-starter）の理解を ChatGPT を活用して進めていきます。

やり方はコンペ概要の理解と同じで Notebook すべてをコピーし（図3.8）、プロンプト3.4 のプロンプトと一緒に ChatGPT に入力します（図3.9）。

プロンプト3.4　ベースライン理解のためのプロンプト

> あなたは優秀なデータサイエンティスト兼 Kaggler です。
> 入力は Kaggle のベースライン Notebook です。
> 以下のフォーマットに従って、Notebook での実施事項を日本語で要約して下さい：
>
> # 出力フォーマット
> 使用するデータ：
> 前処理：
> モデルの定義：
> 学習の設定：
> その他：
>
> # 入力
> { ここにコピーした内容を貼り付ける }

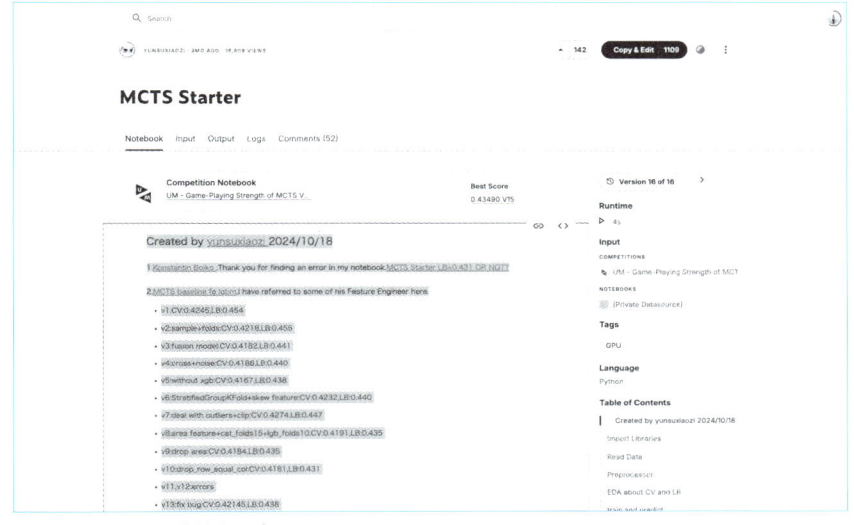

図 3.8：Notebook 全体をコピー

図 3.9：ベースラインの理解のためのプロンプト

　指定したフォーマットで ChatGPT が出力を行うと、Notebook の要点を簡潔に把握することができます（図 3.10）。

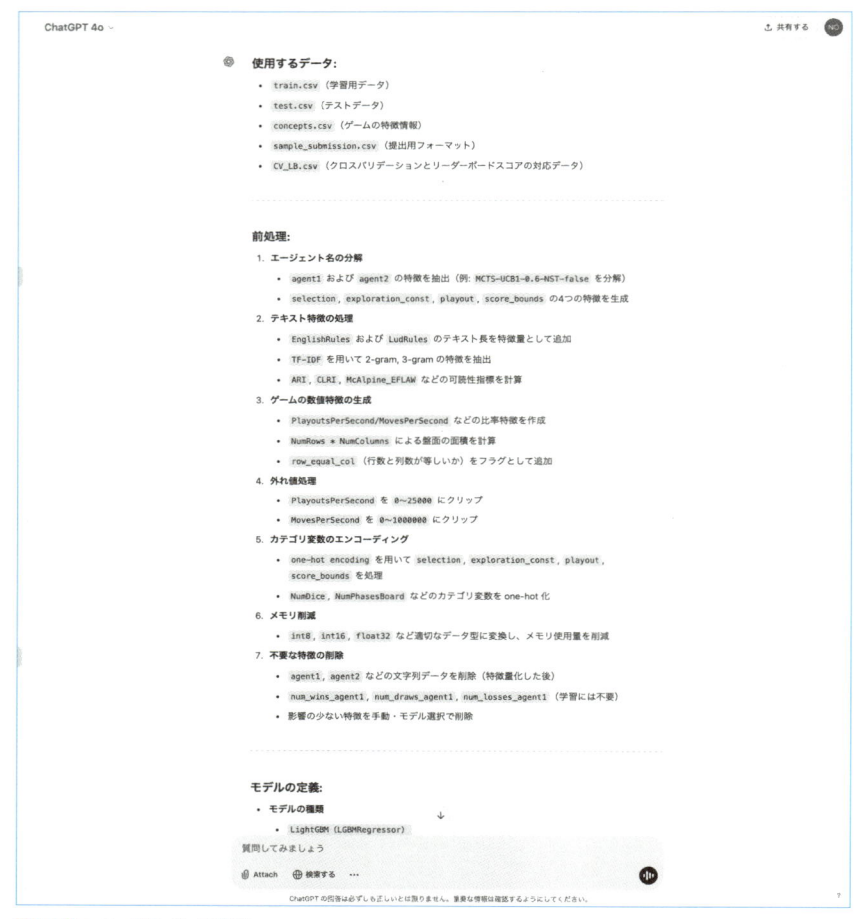

ChatGPT 4o ⌄

⚙ **使用するデータ:**

- train.csv（学習用データ）
- test.csv（テストデータ）
- concepts.csv（ゲームの特徴情報）
- sample_submission.csv（提出用フォーマット）
- CV_LB.csv（クロスバリデーションとリーダーボードスコアの対応データ）

前処理:

1. **エージェント名の分解**
   - agent1 および agent2 の特徴を抽出（例: MCTS-UCB1-0.6-NST-false を分解）
   - selection, exploration_const, playout, score_bounds の4つの特徴を生成
2. **テキスト特徴の処理**
   - EnglishRules および LudRules のテキスト長を特徴量として追加
   - TF-IDF を用いて 2-gram, 3-gram の特徴を抽出
   - ARI, CLRI, McAlpine_EFLAW などの可読性指標を計算
3. **ゲームの数値特徴の生成**
   - PlayoutsPerSecond/MovesPerSecond などの比率特徴を作成
   - NumRows * NumColumns による盤面の面積を計算
   - row_equal_col（行数と列数が等しいか）をフラグとして追加
4. **外れ値処理**
   - PlayoutsPerSecond を 0〜25000 にクリップ
   - MovesPerSecond を 0〜1000000 にクリップ
5. **カテゴリ変数のエンコーディング**
   - one-hot encoding を用いて selection, exploration_const, playout, score_bounds を処理
   - NumDice, NumPhasesBoard などのカテゴリ変数を one-hot 化
6. **メモリ削減**
   - int8, int16, float32 など適切なデータ型に変換し、メモリ使用量を削減
7. **不要な特徴の削除**
   - agent1, agent2 などの文字列データを削除（特徴量化した後）
   - num_wins_agent1, num_draws_agent1, num_losses_agent1（学習には不要）
   - 影響の少ない特徴を手動・モデル選択で削除

モデルの定義:

- モデルの種類
  - LightGBM (LGBMRegressor)

質問してみましょう

📎 Attach   ⊘ 検索する   …   ◉

ChatGPT の回答は必ずしも正しいとは限りません。重要な情報は確認するようにしてください。

図 3.10：ベースラインの要約

　ベースラインの要約に対してもし不明点があれば、追加で質問することが可能です。例えば、テキストデータをモデルに入力しているため、どのように前処理を行っているか聞いてみました（**プロンプト 3.5**）。自らが初学者であることを伝えるとより平易な表現で回答をしてくれます（**図 3.11**）。

プロンプト 3.5　音声処理への質問のプロンプト

> **テキストデータを扱うのは初めてです。このNotebookではテキストデータを➡**
> **どのように加工してモデルに入力していますか。初学者にもわかるように文章のみ➡**
> **で説明して下さい。**

図3.11：追加の質問と回答

　ChatGPTにこのように質問することで、平易な表現で詳細な説明を得ることができます。さらに、前処理の意図や狙い、学習時にデータリークを防ぐための工夫についても教えてもらえます。必要に応じてChatGPTの答えの中にある可読性指標やTF-IDFの詳細についてさらに質問することで、理解を一層深めることができます。

3.5 Discussionの要約

　次に、Discussionの理解について取り組みます。Discussionでは、他の参加者が直面した問題やその解決方法、新しいアイデアや手法が共有されています。これらの情報は、コンペでスコアを向上させるための貴重なヒントになります。しかし、Discussionは量が多くすべてを追うのが大変です。ここでもChatGPTを有効活用していきます。

　今回は"Sharing my insights on this competition"（ URL https://www.kaggle.com/competitions/um-game-playing-strength-of-mcts-variants/discussion/534634）のDiscussionを例に取り、その内容を理解し要約する方法を紹介します。このDiscussionはタイトルから類推するに、投稿者が実験から得た知見を共有する非常に重要なDiscussionだと予想されます。

　プロンプト3.6のようにプロンプトを設定し要約を依頼しました。

プロンプト3.6　Discussion要約のためのプロンプト

> 以下のDiscussionを日本語で要約して下さい。
> その上で何がスコア向上にとって重要か、また、効果的ではなかった取り組みについてもまとめて下さい。
>
> {ここにDiscussionを貼り付ける}

　このようにプロンプトを設定することで、期待していたようにDiscussion投稿者が実施した実験内容と他の参加者の議論を日本語で要約することができます（図3.12）。

ChatGPT 4o ⌄

共有する NO

⚙ **要約:**

このKaggleコンペ「UM - Game-Playing Strength of MCTS Variants」に関する **Discussion** では、以下のポイントが議論されました。

スコア向上に重要だった点

1. **クロスバリデーションの適切な設定**
   - `GroupKFold` が推奨される。理由は **テストセットが新しいゲームで構成されているため**。
   - `StratifiedGroupKFold` を使用した結果、**CV: 0.4092, LB: 0.428** という良好なスコアを達成。

2. **特徴量エンジニアリングの工夫**
   - すべての特徴が有効ではなく、約 **200の有効な特徴** を選択するとスコアが向上。
   - `LudRules` からの特徴抽出が重要。
   - ゲームのルールを「**開始・プレイ・終了**」に分割 して特徴を抽出するアプローチが提案された。

3. **モデルのアプローチ**
   - **ブースティング系モデル（LightGBM, CatBoost）** が効果的。
   - **DNN（MLPなど）は未検証だが、ブレンディングに有効な可能性がある。**
   - `TF-IDF` のような手法は、ルールの複雑さを表現しきれない可能性がある。

4. **リークのリスクとLBスコアの信頼性**
   - シードを変えただけで LB スコアが **0.002 変動** したことから、リーダーボードスコアの信頼性が限定的であることが示唆された。
   - **過学習を避けるため、リーダーボードスコアだけに頼らず、CV を重視するべき。**

5. **データの追加**
   - ホストのコードを使って追加のデータを生成することが可能。
   - ただし、5-fold（80%訓練）と10-fold（90%訓練）を比較してもスコアが改善しなかったことから、**単にデータを増やすことが最適解ではない。**

効果的でなかった点

1. **Transformer モデルの利用**
   - `EnglishRules` や `LudRules` から Transformer モデルを使って特徴を抽出しようとしたが、失敗。
   - **ブースティング系モデルが有効で、テキストデータの扱いは慎重にすべき。**

2. **過度な特徴エンジニアリング**
   - 700特徴 vs 200特徴でスコアがほぼ変わらず → **不要な特徴を削ることが重要。**
   - 特徴を増やすより、**適切な特徴選択を行う方がスコア向上につながる。**

3. **TF-IDF の限界**
   - `TF-IDF` のような手法は、単語の近接性（n-gram）を考慮するが、ゲームルールの構造的な複雑さを十分に捉えられない可能性がある。
   - 代わりに**ゲームのルールを構造的に分解して特徴化する方**が有効。

今後の改善点

- `LudRules` から有益な特徴を抽出するため、**ゲームの構造をより深く解析する**（例: Hugging FaceのLLMを活用）。
- **単純なTF-IDFではなく、ルールの「開始・プレイ・終了」構造を考慮した分解。**
- **DNN（MLP）とのブレンディングを試すことでさらなるスコア向上の可能性。**

この **Discussion** から、**効果的な特徴エンジニアリング** と **クロスバリデーションの工夫** が最も重要な要素であることが分かりました。

◁ ⏻ 👍 👎 ⟳ ↻

質問してみましょう

📎 Attach ⊕ 検索する …

ChatGPTの回答は必ずしも正しいとは限りません。重要な情報は確認するようにしてください。

図3.12：Discussion の要約結果

3.6 改善案のブレスト

　ここまででベースラインの理解と Discussion の理解を行いました。また、Discussion の理解を通して、どのような実験が効果的かもおおよそ把握できたとします。次のステップは Discussion の情報を基に、ベースラインの改善案を ChatGPT にブレストしてもらいます。

　Discussion での会話に続き**プロンプト 3.7** のようなプロンプトを ChatGPT に入力します（**図 3.13**）。ここでは、Section 3.4 で使用したベースラインを再度入力しています。

プロンプト 3.7　ベースライン改善のためのプロンプト

> **Discussion**での議論を受けて、以下のベースラインを改善案をブレストして➡️
> 下さい。
>
> **{ ベースラインを貼り付ける }**

図 3.13：改善案のブレストのためのプロンプト

Discussionでの議論を受けて、ベースラインの改善案としてモデルアーキテクチャの改善や後処理の改善、データ拡張などを提案してくれました（図3.14）。

小ネタですが、金メダルを獲った多くのチームは、Agentの先攻後攻を反転させるデータ拡張を行っていました。また、後処理もベースラインの値をそのまま使うのではなく、独自の値を用いて実施していました。このようにコンペで上位に入るためのヒントとなるアイデアを創出してもらうことも可能です。

ChatGPT 4o

ブレスト：ベースラインの改善案

Discussionでの議論を反映しつつ、以下の点を改善するとスコア向上が期待できる。

1. モデルアーキテクチャの改善

☑ **ブースティング系モデルの改良**

- 現状、LightGBM・CatBoost・XGBoostのアンサンブルを試しているが、**CatBoostの2モデル**でのアンサンブルが有効だった点を深掘り。
- 新たなブレンド手法を試す
  - v15で試している 2 CatBoost + Agent Features + Rules Semantic Extraction の方向性をさらに強化
  - **異なる学習率や木の深さを持つ複数のCatBoostを加えて、アンサンブルの多様性を増やす**
  - CatBoost 2モデル → 3モデルに増やし、それぞれ異なるハイパーパラメータで調整
  - スタッキング（Blending）やリッジ回帰でアンサンブル

☑ **DNN（MLP）の導入**

- Discussionでも触れられていたが、**MLPを追加することで、ブースティングモデルの補完として機能する可能性がある**
- 例えば、
  - **TabNet**（勾配ブースティング系と相性が良い）

4. 後処理の改善

- RMSE最適化の w, b を自動調整（Grid Search, Optuna）
- `clip(pred, -0.985, 0.985)` しているが、適切な閾値を学習データに合わせて最適化
- OOF の補正（ブレンディングの最適重みを探索）

5. その他の改善アイデア

☑ **データ拡張**

- 既存のデータセットを拡張する方法を探索
  - ルールのバリエーションを増やす（LudRulesの変更）
  - ゲームのパラメータを変える
  - モデルが苦手なサンプルを重点的に補う

☑ **ハイパーパラメータチューニング**

- Optuna を活用して LightGBM・CatBoost のパラメータを最適化
- `learning_rate`, `max_depth`, `min_data_in_leaf`, `bagging_fraction` などの探索

質問してみましょう

⌷ Attach ⊕ 検索する …

ChatGPTの説明は必ずしも正しいとは限りません。重要な情報は確認するようにしてください。

図3.14：改善案のブレストの結果

3.7 コーディングのサポート

　最後に ChatGPT を利用したコーディングサポートについて紹介します。Kaggle のコンペに参加する際、初学者にとって公開された Notebook を利用することは非常に有効です。しかし、Vote が多い人気の Notebook が自分にとって馴染みのあるライブラリやフレームワークで記述されているとは限りません。例えば、普段 PyTorch で書いている人が他のフレームワーク（例えば Keras）で書かれている Notebook を扱うのは難しいかもしれません。

　プロンプト3.8 は、Keras で書かれているコード（ 参考 "Transformer for MCTS Variants"、 URL https://www.kaggle.com/code/antobenedetti/transformer-for-mcts-variants）を PyTorch 用に変換する具体的な例を紹介します（図3.15、図3.16）。

プロンプト3.8

以下のコードをPyTorchに書き換えて下さい。

```
from keras import layers
class TransformerEncoder(layers.Layer):
    def __init__(self, embed_dim, dense_dim, num_heads, ➡
**kwargs):
        super().__init__(**kwargs)
        self.embed_dim = embed_dim
        self.dense_dim = dense_dim
        self.num_heads = num_heads
        self.attention = layers.MultiHeadAttention(
            num_heads=num_heads, key_dim=embed_dim)
        self.dense_proj = keras.Sequential(
            [layers.Dense(dense_dim, activation="tanh"),
             layers.Dense(embed_dim),]
        )
        self.layernorm_1 = layers.LayerNormalization()
```

```python
        self.layernorm_2 = layers.LayerNormalization()

    def call(self, inputs, mask=None):
        if mask is not None:
            mask = mask[:, tf.newaxis, :]
        attention_output = self.attention(
            inputs, inputs, attention_mask=mask)
        proj_input = self.layernorm_1(inputs +
attention_output)
        proj_output = self.dense_proj(proj_input)
        return self.layernorm_2(proj_input + proj_output)


    def get_config(self):
        config = super().get_config()
        config.update({
            "embed_dim": self.embed_dim,
            "num_heads": self.num_heads,
            "dense_dim": self.dense_dim,
        })
        return config

import keras
def create_transformer(vocab_size: int, embed_dim: int,
num_heads: int, dense_dim: int) -> keras.Model:
    inputs = keras.Input(shape=(None,), dtype="int64",
name="input")
    x = layers.Embedding(vocab_size, embed_dim,
name="embedding")(inputs)
    x = TransformerEncoder(embed_dim, dense_dim,
num_heads, name="transformer-encoder")(x)
    x = layers.GlobalMaxPooling1D(name="global-max-
pooling-1d")(x)
    x = layers.Dropout(0.5, name="dropout")(x)
```

```
    outputs = layers.Dense(1, activation="tanh", ➡
name="output")(x)
    model = keras.Model(inputs, outputs, ➡
name="transformer")
    model.compile(
        optimizer="adam",
        loss="mean_squared_error",
    )
    return model
```

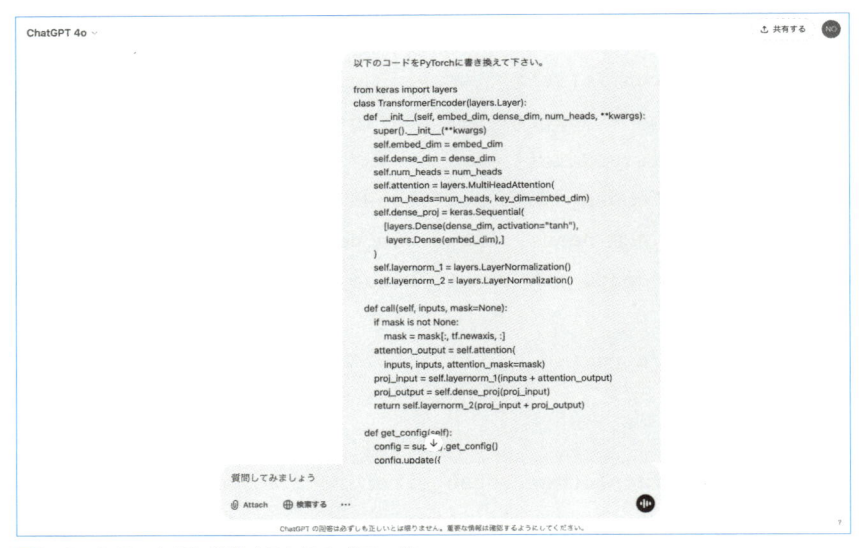

図3.15：PyTorch用に変換するためのプロンプト

図3.16： PyTorch用に変換した結果

　このように、ChatGPTを利用することで、異なるフレームワーク間のコードを変換し、目的のフレームワークに適応させることができます。その結果、どのようなNotebookであっても、自分の馴染みのある書き方で試すことが可能になります。ただし、ChatGPTが提案するコードが必ずしも一度で正しく動くとは限りません。エラーが発生したり、意図した挙動にならなかったりする場合は、Chapterの最初に述べたようにハルシネーションを疑いつつ、都度ChatGPTに追加の質問をしたり、細部を修正したりしながらコードを完成させていきましょう。こうしたツールを活用することで、コーディングの効率を高め、Kaggleコンペでのスコア向上を狙えます。

まとめ

　このChapterでは、Kaggleにおける生成AIの活用について紹介しました。生成AIは英語やドメイン知識、コーディングなど、個々の苦手分野を強力にサポートし、コンペ参加のハードルを大きく下げてくれます。今後、生成AIの精度はさらに向上し、できることの幅も広がるでしょう。生成AIをうまく活用して、より上位のメダルを目指していきましょう。

CHAPTER 4

過去コンペを題材とした
実戦ハンズオン

Chapter3までで実験管理の重要性を明らかにし、実験管理に
必要なツールについて解説してきました。このChapterでは
それらを用いて実際にコンペにチャレンジしてみます。

4.1 基本的なテーブルデータの場合

　今回は "UM - Game-Playing Strength of MCTS Variants" を取り扱います（ `URL` https://www.kaggle.com/competitions/um-game-playing-strength-of-mcts-variants）。このコンペは、モンテカルロ木探索を用いた2つの異なるエージェントが特定のゲームで対戦した際のパフォーマンスを予測するコンペでした（図4.1）。データには、エージェント同士の対戦結果とボードゲームに関する特徴量が含まれていました。Notionと生成AI、WandBを活用して実際のコンペに挑戦していきます。

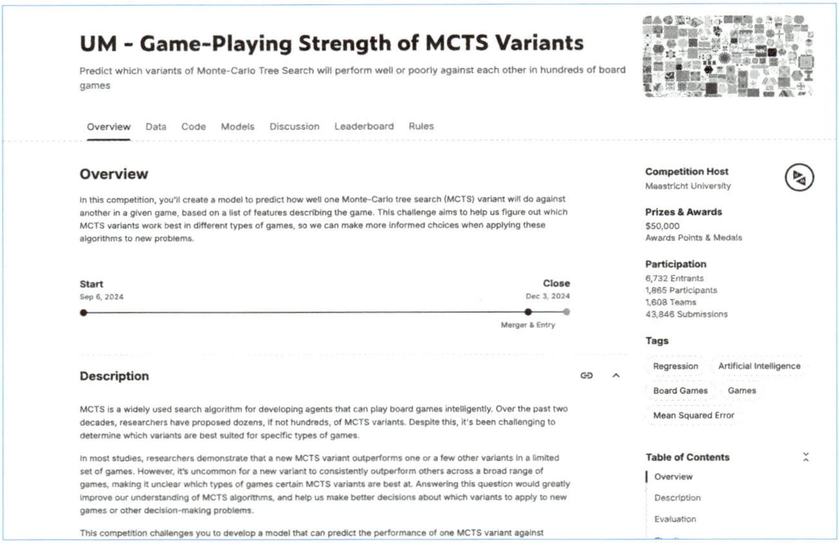

図4.1：UM - Game-Playing Strength of MCTS Variants

Notionページの作成

　まず、コンペが始まったらNotionでコンペ専用ページを作ると良いでしょう（図4.2）。Notionではテンプレート機能を活用して、自分専用のフォーマットを事前に用意しておくと効率的です。一例として、普段筆者が使っているテンプレートを紹介します。ページにはコンペの概要、評価指標、データの説明などをまとめていきます。

図4.2：コンペ専用ページ

生成 AI を活用したコンペ概要理解

　次に、コンペの概要理解をします。コンペ期間中にコンペ概要やデータの説明は何度も確認することになると思いますが、一度英訳して日本語でまとめておくと非常に便利です。ここではChapter3で紹介した生成 AI を活用していきます（図4.3、図4.4）。

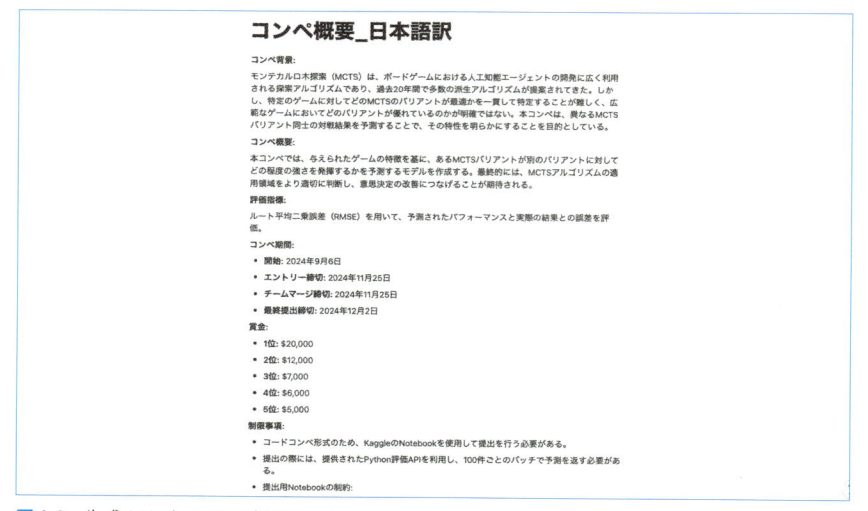

図4.3：コンペ概要理解のためのプロンプト

図4.4：生成AIによるコンペ概要の要約

　同様の方法で、データセットの理解とドメイン知識の理解も行います。データセットの要約結果も「データ理解」ページにメモとして残しておきます（図4.5、図4.6）。

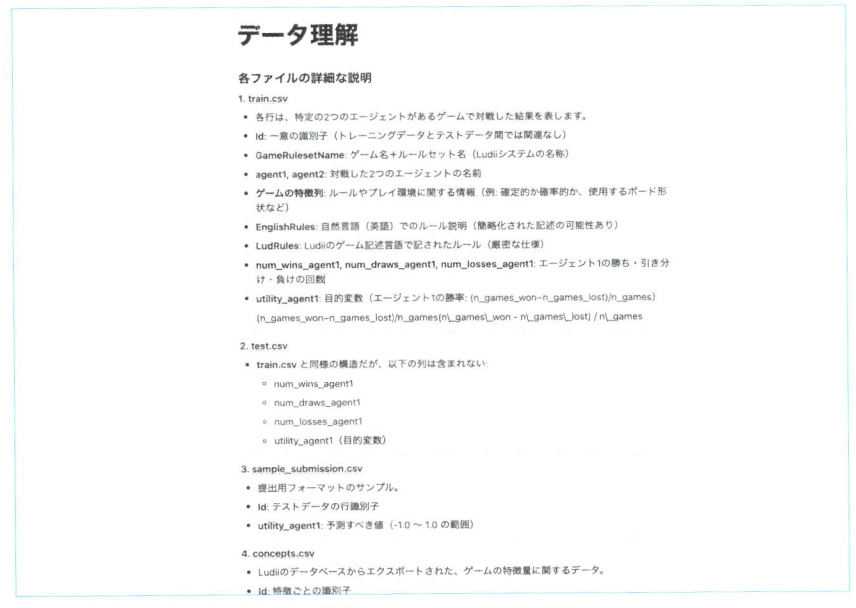

図4.5：データセット理解のためのプロンプト

データ理解

各ファイルの詳細な説明

1. train.csv

- 各行は、特定の2つのエージェントがあるゲームで対戦した結果を表します。
- Id: 一意の識別子（トレーニングデータとテストデータ間では関連なし）
- GameRulesetName: ゲーム名＋ルールセット名（Ludiiシステムの名称）
- agent1, agent2: 対戦した2つのエージェントの名前
- **ゲームの特徴列**: ルールやプレイ環境に関する情報（例: 確定的か確率的か、使用するボード形状など）
- EnglishRules: 自然言語（英語）でのルール説明（簡略化された記述の可能性あり）
- LudRules: Ludiiのゲーム記述言語で記されたルール（厳密な仕様）
- num_wins_agent1, num_draws_agent1, num_losses_agent1: エージェント1の勝ち・引き分け・負けの回数
- utility_agent1: 目的変数（エージェント1の勝率: (n_games_won-n_games_lost)/n_games）

　　(n_games_won-n_games_lost)/n_games(n_games_won - n_games_lost) / n_games

2. test.csv

- train.csv と同様の構造だが、以下の列は含まれない:
  - num_wins_agent1
  - num_draws_agent1
  - num_losses_agent1
  - utility_agent1（目的変数）

3. sample_submission.csv

- 提出用フォーマットのサンプル。
- Id: テストデータの行識別子
- utility_agent1: 予測すべき値（-1.0 ～ 1.0 の範囲）

4. concepts.csv

- Ludiiのデータベースからエクスポートされた、ゲームの特徴量に関するデータ。
- Id: 特徴ごとの識別子

図4.6：生成AIによるデータセットの要約

　ドメイン知識などを含む、調べたことをまとめるページとして「ドキュメント」ページを用意します。ここでは、Notionのデータベースを用いて、必要なカラムやタグを設定し、ドキュメントをメモしておきます（図4.7、図4.8、図4.9）。

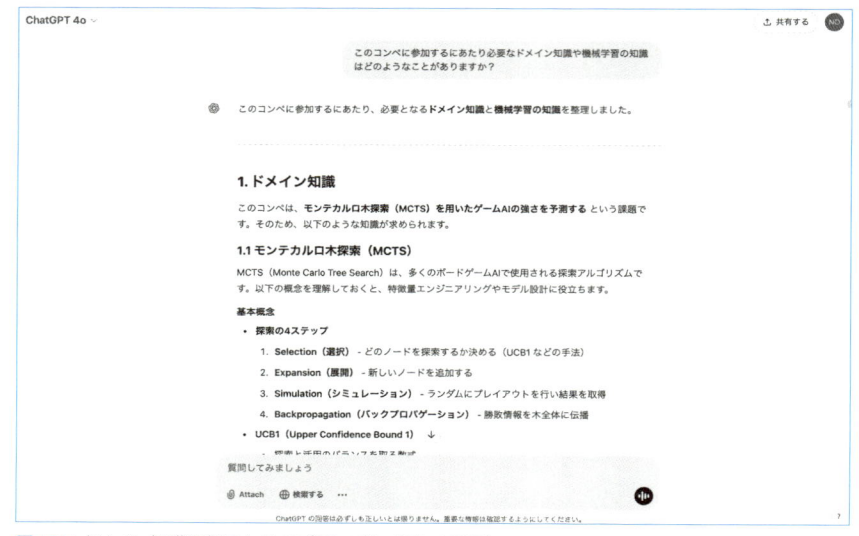

図4.7：ドメイン知識理解のためのプロンプト（ChatGPT）

図4.8：Notionのデータベース機能を活用したドキュメントの整理

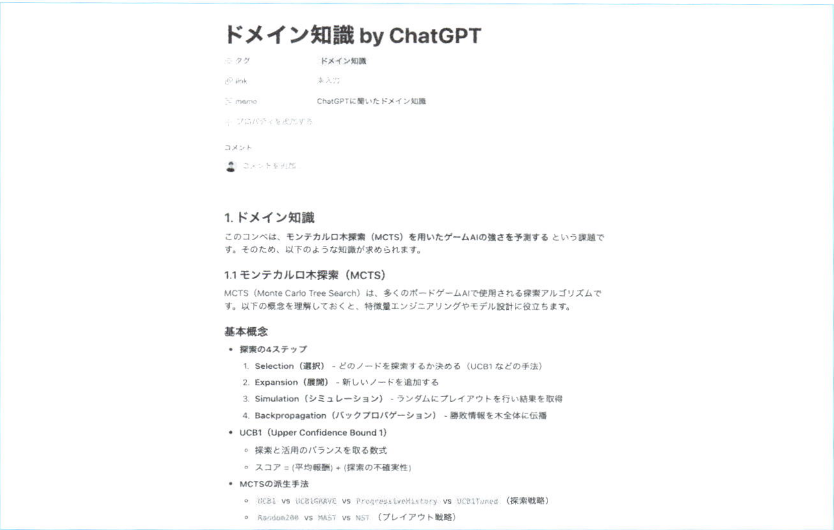
ドメイン知識 by ChatGPT

タグ　ドメイン知識
link　未入力
memo　ChatGPTに聞いたドメイン知識

コメント

1. ドメイン知識

このコンペは、**モンテカルロ木探索（MCTS）を用いたゲームAIの強さを予測する** という課題です。そのため、以下のような知識が求められます。

1.1 モンテカルロ木探索（MCTS）

MCTS（Monte Carlo Tree Search）は、多くのボードゲームAIで使用される探索アルゴリズムです。以下の概念を理解しておくと、特徴量エンジニアリングやモデル設計に役立ちます。

基本概念

- **探索の4ステップ**
  1. **Selection（選択）** - どのノードを探索するか決める（UCB1などの手法）
  2. **Expansion（展開）** - 新しいノードを追加する
  3. **Simulation（シミュレーション）** - ランダムにプレイアウトを行い結果を取得
  4. **Backpropagation（バックプロパゲーション）** - 勝敗情報を木全体に伝播
- **UCB1（Upper Confidence Bound 1）**
  - 探索と活用のバランスを取る数式
  - スコア = (平均報酬) + (探索の不確実性)
- **MCTSの派生手法**
  - `UCB1` vs `UCB1GRAVE` vs `ProgressiveHistory` vs `UCB1Tuned` （探索戦略）
  - `Random200` vs `MAST` vs `NST` （プレイアウト戦略）

図4.9：生成AIを用いたドメイン知識の理解

ベースラインの作成

次はベースラインモデルの作成に取り組んでみます。標準的な特徴量を用いてベースラインを作成します。実験管理にはWandBを使用します。

実行可能なコードはこちらです。本書ではコードの一部を掲載しています。

URL https://www.kaggle.com/code/nori0724/ch04-exp001

まず、実験に関連する設定やハイパーパラメータを1箇所にまとめて管理しやすくするために、CFGクラスを作成します（リスト4.1）。このクラスには、データのパスやモデルのハイパーパラメータなどを含めます。

リスト4.1　ベースラインの実験設定

In
```
class CFG:
    # WandB
    experiment_name = "exp001"
```

```python
    project = "um-game-playing-strength-of-mcts-variants"

    # Setting
    seed = 42
    train_path = "/kaggle/input/um-game-playing-➡
strength-of-mcts-variants/train.csv"
    test_path = "/kaggle/input/um-game-playing-➡
strength-of-mcts-variants/test.csv"
    submission_path = (
        "/kaggle/input/um-game-playing-strength-of-mcts-➡
variants/sample_submission.csv"
    )

    # 実験関連
    target = ["utility_agent1"]
    n_splits = 5

    cat_cols = [
        "GameRulesetName",
        "agent1_param1",
        "agent1_param2",
        "agent1_param3",
        "agent1_param4",
        "agent2_param1",
        "agent2_param2",
        "agent2_param3",
        "agent2_param4",
    ]

    drop_cols = [
        "Id",
        "EnglishRules",
        "LudRules",
```

```
        "utility_agent1",
        "num_wins_agent1",
        "num_draws_agent1",
        "num_losses_agent1",
    ]


    # LightGBM
    objective = "regression"
    metric = "rmse"
    learning_rate = 0.1
    n_estimators = 10000
    stopping_rounds = 20
    log_evaluation = 100


# CFGクラスのインスタンスを作成
config = CFG()
```

　WandBでは、`wandb.init`でプロジェクト名や実験名などを設定します（リスト4.2）。ここで、リスト4.1の`config`を辞書型で記録しておくと、WandB上で実験設定を確認できます。また、実験名をグループとして記録することで、実験名ごとに5foldのlossをまとめて記録することができます。

リスト4.2　WandBの初期化

```
In  wandb.init(
        project=config.project,
        group=config.experiment_name,
        name=f"fold{fold}",
        config=class_to_dict(config),
    )
```

WandBで実験結果の確認

ベースラインの実行が完了したらWandB上で実験結果を確認してみます。まず、foldごとのlossを確認します。`wandb.init`で`name`をfold名にしたので、foldごとのlossが記録できていることを確認できました（図4.10）。

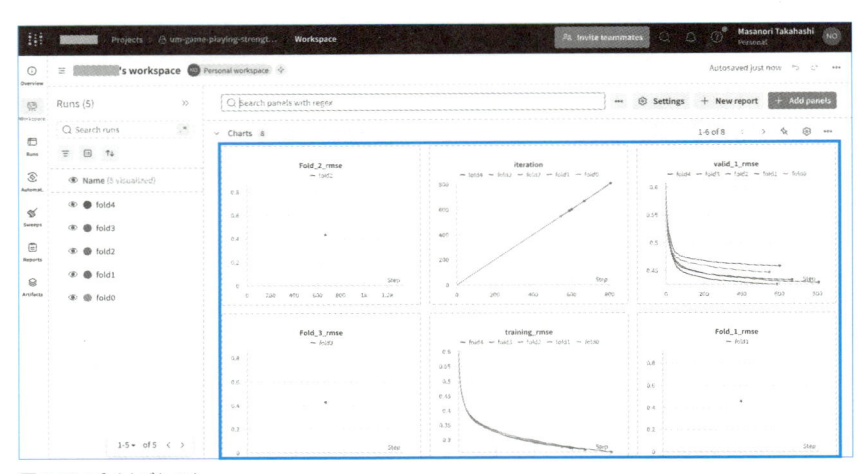

図4.10：foldごとのloss

ここでGroupからGroupカラムを選択します（図4.11 ❶〜❸）。

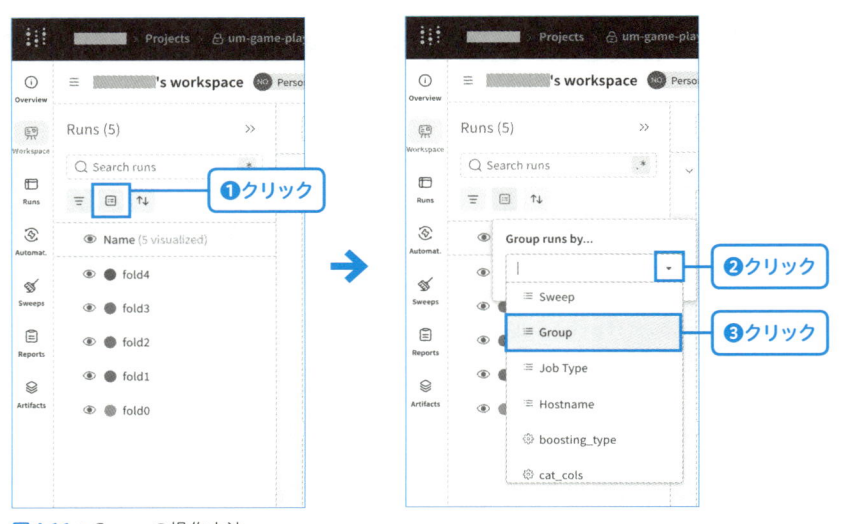

図4.11：Groupの操作方法

　この操作を行うことで、foldごとの実験を1つのグループとしてまとめて可視化することが可能です。例えば、実験ごとの5 foldでのlossの平均を可視化することができます（図4.12）。また、薄い色の部分は、各foldで得られたlossの範囲（最小値から最大値）を示しており、fold間のばらつきを視覚的に確認することができます。

図4.12：foldごとの実験を1つのグループとしてまとめて可視化

　また本書では図を割愛しますが、Group機能を使うことで、特徴量重要度もfoldごとに色分けをして可視化可能です。この可視化により特徴量重要度のfoldごとのブレを理解することができます。

　wandb.initではconfigも追加したため、Filesのconfig.yamlから実験設定を確認することができます（図4.13）。これにより、コンペ終盤になっても過去の実験を正確に振り返ることができます。

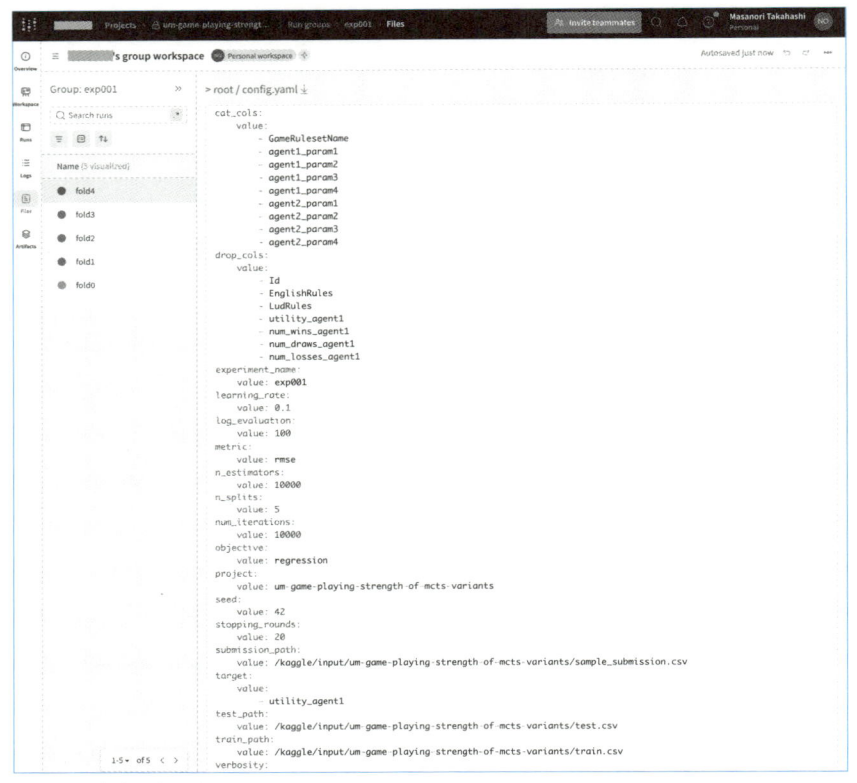

図4.13：実験設定の確認

TODO管理

　ベースラインができたら次に行うことを考えます。Notionにはカンバンボード機能があるので、その機能を用いてTODO管理を行います（図4.14）。Fold Splitの検討、モデル変更など、思いついたものはひとまずTODOリストに追加しておくと良いでしょう。また、事前にタスクの優先度を決めておくと効率的に実験に取り組めます。優先順位は実験とともに変化しますが、その時点で優先的に取り組みたいものは、優先度をhighにしておくとわかりやすいです。

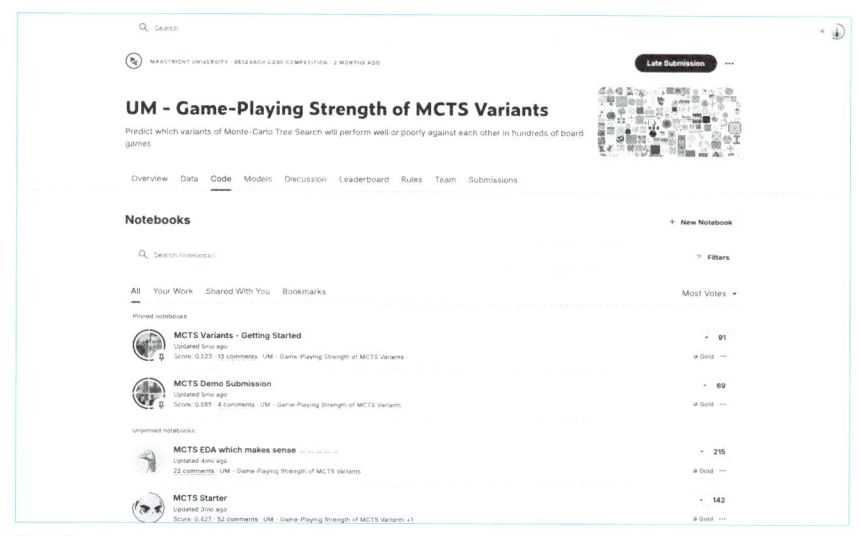

図4.14：NotionでのTODO管理

ベースラインの改善

精度向上には公開 Notebook や Discussion からアイデアを得ることも重要です。Notebook や Discussion は多くの投稿がされています（図4.15）、ここでは「Most Votes」でソートしながら重要な情報を見つけていきます。

図4.15：KaggleのNotebookページ

例えば、"MCTS Starter"（ URL https://www.kaggle.com/code/yunsu xiaozi/mcts-starter）を読んでみましょう（図4.16）。

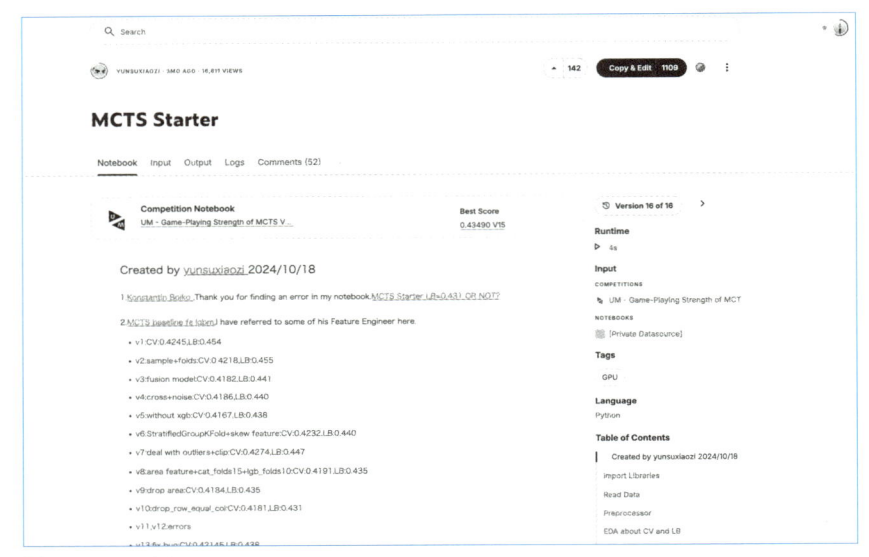

図4.16：MCTS Starter

Notebook内では**リスト4.3**のように新しい特徴量の提案がされていました。

例えば、areaでは、NumRows（盤面の行数）とNumColumns（盤面の列数）を掛けることで、ゲーム盤面の総マス数を算出しています。また、row_equal_colでは、NumColumnsとNumRowsが等しいかどうかを判定し、盤面が正方形かどうかを示す特徴量を追加しています。

リスト4.3　MCTS Starterで提案された特徴量の一部

```python
def feature_engineering(df):
    df["area"] = df["NumRows"] * df["NumColumns"]
    df["row_equal_col"] = (df["NumColumns"] ==
df["NumRows"]).astype(np.int8)
    df["Playouts/Moves"] = df["PlayoutsPerSecond"] /
(df["MovesPerSecond"] + 1e-15)
    df["EfficiencyPerPlayout"] = df["MovesPerSecond"] /
(df["PlayoutsPerSecond"] + 1e-15)
```

```python
    df["TurnsDurationEfficiency"] = ➡
df["DurationActions"] / (
        df["DurationTurnsStdDev"] + 1e-15
    )
    df["AdvantageBalanceRatio"] = ➡
df["AdvantageP1"] / (df["Balance"] + 1e-15)
    df["ActionTimeEfficiency"] = ➡
df["DurationActions"] / (df["MovesPerSecond"] + 1e-15)
    df["StandardizedTurnsEfficiency"] = ➡
df["DurationTurnsStdDev"] / (
        df["DurationActions"] + 1e-15
    )
    df["AdvantageTimeImpact"] = ➡
df["AdvantageP1"] / (df["DurationActions"] + 1e-15)
    df["DurationToComplexityRatio"] = ➡
df["DurationActions"] / (
        df["StateTreeComplexity"] + 1e-15
    )
    df["NormalizedGameTreeComplexity"] = ➡
df["GameTreeComplexity"] / (
        df["StateTreeComplexity"] + 1e-15
    )
    df["ComplexityBalanceInteraction"] = ➡
df["Balance"] * df["GameTreeComplexity"]
    df["OverallComplexity"] = ➡
df["StateTreeComplexity"] + df["GameTreeComplexity"]
    df["ComplexityPerPlayout"] = ➡
df["GameTreeComplexity"] / (
        df["PlayoutsPerSecond"] + 1e-15
    )
    df["TurnsNotTimeouts/Moves"] = ➡
df["DurationTurnsNotTimeouts"] / (
        df["MovesPerSecond"] + 1e-15
```

```
    )
    df["Timeouts/DurationActions"] = ➡
df["Timeouts"] / (df["DurationActions"] + 1e-15)
    df["OutcomeUniformity/AdvantageP1"] = ➡
df["OutcomeUniformity"] / (
        df["AdvantageP1"] + 1e-15
    )
    df["ComplexDecisionRatio"] = (
        df["StepDecisionToEnemy"]
        + df["SlideDecisionToEnemy"]
        + df["HopDecisionMoreThanOne"]
    )
    df["AggressiveActionsRatio"] = (
        df["StepDecisionToEnemy"]
        + df["HopDecisionEnemyToEnemy"]
        + df["HopDecisionFriendToEnemy"]
        + df["SlideDecisionToEnemy"]
    )

    print("deal with outliers")
    df["PlayoutsPerSecond"] = ➡
df["PlayoutsPerSecond"].clip(0, 25000)
    df["MovesPerSecond"] = ➡
df["MovesPerSecond"].clip(0, 1000000)

    return df
```

　上記の特徴量を追加したexp002の実験結果は図4.17になります。
Group機能を使うことで、実験exp001との比較が可能です。

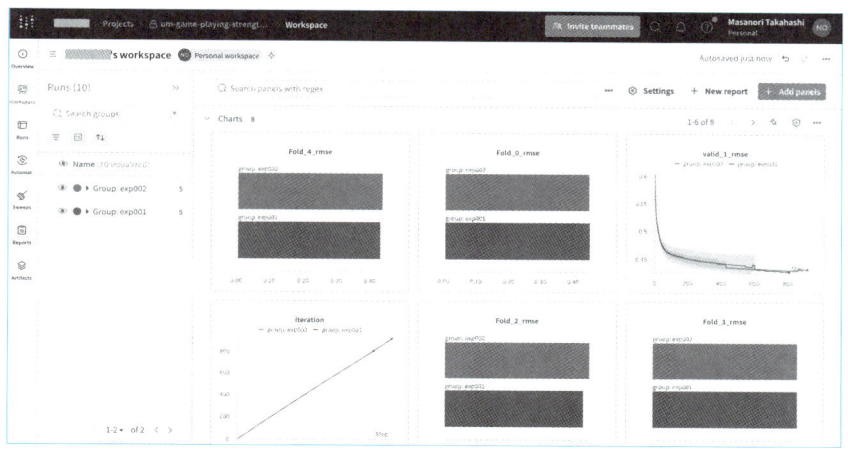

図4.17：exp001とexp002の比較

　Runsからは実験ごとの定量評価の値を比較可能です。実験の状況、実行時間など様々な値を確認できるのですが、ここで、着目したい値をピン留めしておくと便利でしょう。ここではベストスコア（best_score.training.rmse、best_score.valid_1.rmse）をピン留めします（図4.18 ❶～❸、図4.19）。こうすることで、実験が増えた時に、その実験が効果的だったかどうかを振り返ることが可能になります。

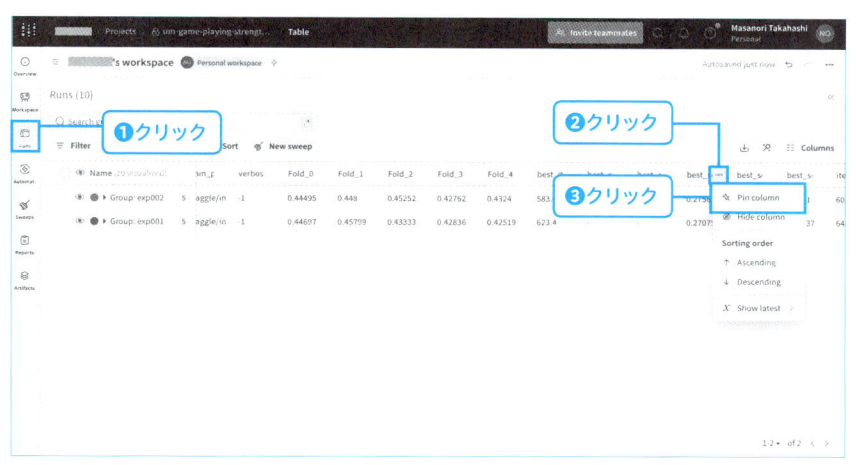

図4.18：ピン留めのやり方

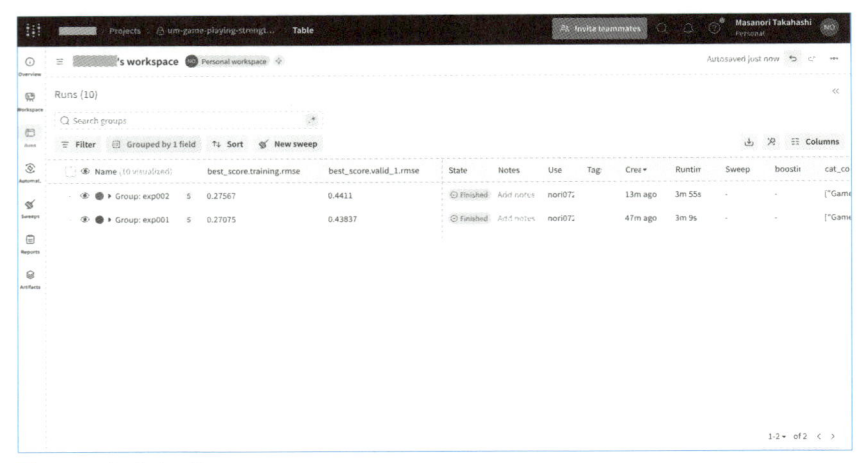

図4.19：ピン留めの例

実験結果の整理

　WandB 上のみに CV を記録しても良いのですが、LB との相関も見たいので、Notion 上で実験管理テーブルを作り記録します。実験が増えると、どの実験との差分かわからなくなるので、実験の派生元も記録しておくと良いでしょう。ここでは exp002 の派生元が exp001 なので、exp001 をベースとして特徴量を追加した実験が exp002 であることを示しています（図4.20）。

実験

⊞ テーブルビュー

実験メモ

Aa 実験ID	# CV	# LB	☰ memo	☰ 派生元
exp001	0.43837		ベースライン	
exp002	0.4411		特徴量追加（参考）	exp001

＋ 新規ページ

図4.20：実験管理テーブルでの CV/LB 管理

　このような形でコンペを進めていくと、実験から仮説を得て、その仮説を基にアイデアを書き出し、優先度を決めて実験を行っていくことができるようになるでしょう。

4.2 画像コンペの場合

　前のSectionではテーブルデータを扱うコンペにおける実験管理について学びました。このSectionでは、画像コンペを対象として、"Stable Diffusion - Image to Prompts"（**URL** https://www.kaggle.com/competitions/stable-diffusion-image-to-prompts）を取り扱います。このコンペは、Stable Diffusion 2.0で生成された画像から元となるテキストプロンプトを予測するタスクです。生成された画像からプロンプトを直接抽出し、Sentence Transformerを用いて384次元の埋め込みに変換することで、文字レベルの違いではなく意味的な類似性を評価します。

　このSectionでは、画像データにおけるWandBの活用方法について紹介します。具体的には、WandBのテーブル機能（`wandb.Table`）を使用して、各画像に対する生成プロンプトとオリジナルプロンプトなどの情報を一元管理・可視化する手法を説明します。画像コンペにおいて、`wandb.Table`が効果的な理由は以下の通りです。

情報の一元管理と比較が容易

　画像データ、生成されたプロンプト、オリジナルプロンプト、各種メタデータを1つのテーブルにまとめることで、各サンプルを一覧で確認でき、全体の傾向や精度を直感的に把握できる。

ソート・フィルタ機能によるエラー分析

　テーブル上で各カラムを自由にソート・フィルタリングできるため、予測値が特に高い（または低い）サンプルや、生成されたプロンプトとオリジナルプロンプトの類似度に大きな差があるサンプルを簡単に抽出し、モデルの改善点を見つけることができる。

ベースラインの理解

ベースラインとして "[LB: 0.45836] ~ BLIP+CLIP | CLIP Interrogator" （ URL https://www.kaggle.com/code/leonidkulyk/lb-0-45836-blip-clip-clip-interrogator）を参考にします（図4.21）。このベースラインでは、CLIP Interrogator（BLIPとCLIPの組み合わせ）を使用して画像から直接テキストプロンプトを抽出し、それらをSentenceTransformerでエンコードして埋め込みに変換します。このベースラインの出力を用いて、入力画像、オリジナルプロンプト、生成されたプロンプトの可視化方法を紹介します。

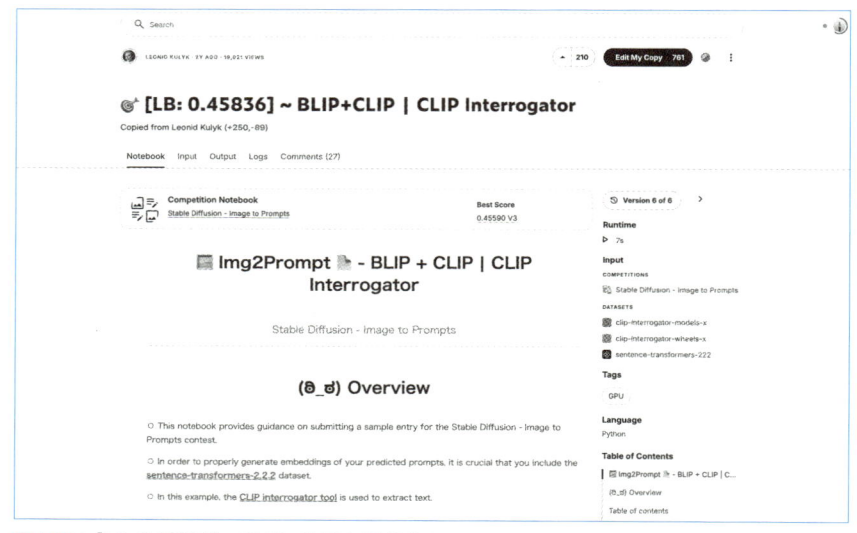

図4.21：[LB: 0.45836] ~ BLIP+CLIP | CLIP Interrogator

テーブル機能を活用した画像データからの考察

WandBでは単にlossを記録するだけでなく、画像データを用いたより深い分析が可能です。特に、WandBのテーブル機能を活用することで、画像データとそれに関連する情報を一元的に管理し、効果的な考察を行うことができます。

WandB に画像データを登録する

wandb.Table は、データをテーブル形式で管理・表示するための機能です。画像やテキスト、数値データを含む様々な情報を整理して格納できるため、モデルの予測結果やラベルを含めた詳細なデータの可視化に適しています。例えば、画像分類タスクでは、画像単位での予測結果、正解ラベル、および追加のメタデータを1つのテーブルにまとめることで、簡単に検証データ全体の分析が可能になります。

テーブルを作成する際には、カラム名を指定して初期化し、そのあと、データを行ごとに追加していきます。作成したテーブルは wandb.log を使用して WandB に送信し、ダッシュボードで視覚的に確認することができます。

wandb.Image の簡単な使い方

wandb.Image は、画像を WandB にアップロードして可視化するための機能です。wandb.Image に渡す画像データは NumPy 配列や PIL 画像形式であり、画像をそのままログに含めることができます。

以下に、WandB のテーブル機能と wandb.Image を組み合わせて、画像データから考察を深める具体的な例を紹介します。この例では、以下の流れで行います。

- 画像ファイルとオリジナルプロンプトの準備（リスト4.4）
- 各画像に対する生成プロンプトの抽出（リスト4.5）
- WandB のテーブルに画像とプロンプト情報を登録する（リスト4.6）

リスト4.4　画像ファイルとオリジナルプロンプトの準備

```
# コンペ用の画像が保存されているディレクトリからファイル名を取得
images = os.listdir(comp_path / 'images')

# オリジナルプロンプトが記載されたCSVファイルを読み込む
original_prompts_df = pd.read_csv("/kaggle/input/➥
stable-diffusion-image-to-prompts/prompts.csv")
```

リスト4.5　各画像に対する生成プロンプトの抽出

```
prompts = []

images_path = "../input/stable-diffusion-image-to-
prompts/images/"
for image_name in images:
    img = Image.open(images_path + image_name).
convert("RGB")

    # interrogate関数 (CLIP Interrogator)を使用して画像から
生成プロンプトを抽出
    generated = interrogate(img)

    prompts.append(generated)
```

リスト4.6　WandB のテーブルに画像とプロンプト情報を登録する

```
# wandb.Tableのカラムを定義
columns = ["Image ID", "Input Image", "Generated
Prompt", "Original Prompt", "Cosine Similarity"]
results_table = wandb.Table(columns=columns)

# 各画像ごとにテーブルへ情報を追加
for image_name, generated_prompt in zip(images, prompts):
    # 画像ファイルのフルパスを作成し、画像を読み込む
    img_path = os.path.join(images_path, image_name)
    img = Image.open(img_path).convert("RGB")

    # オリジナルプロンプトの取得
    img_id = image_name.split(".")[0]
    original_prompt = original_prompts_df[
        original_prompts_df.imgId == img_id
```

```
].prompt.iloc[0]

# プロンプトのエンコード
gen_embedding = st_model.encode(generated_prompt, ➡
convert_to_tensor=True)
orig_embedding = st_model.encode(original_prompt, ➡
convert_to_tensor=True)

# コサイン類似度を算出
cos_sim = util.pytorch_cos_sim(gen_embedding, ➡
orig_embedding).item()

# wandb.Image を作成し、キャプションに生成プロンプト、オリジナル➡
プロンプト、およびコサイン類似度を記載
wb_img = wandb.Image(
    img,
    caption=f"Generated: {generated_prompt}➡
\nOriginal: {original_prompt}\nCosine: {cos_sim:.4f}"
)

# テーブルに1行分のデータを追加
results_table.add_data(img_id, wb_img, ➡
generated_prompt, original_prompt, cos_sim)

# WandBにテーブルを追加
wandb.log({"Results Table": results_table})
```

この方法により、ダッシュボード上で画像を直接見ながら、その予測結果や正解ラベルといった関連情報をテーブル形式で確認できるようになり、より効率的かつ直感的な分析が可能になります。

記録したWandBのテーブルは、「Workspace」の「Tables」から確認できます（図4.22）。テーブルでは画像ID、コサイン類似度、画像、生成されたプロンプト、オリジナルプロンプトを一覧で確認することが可能です。

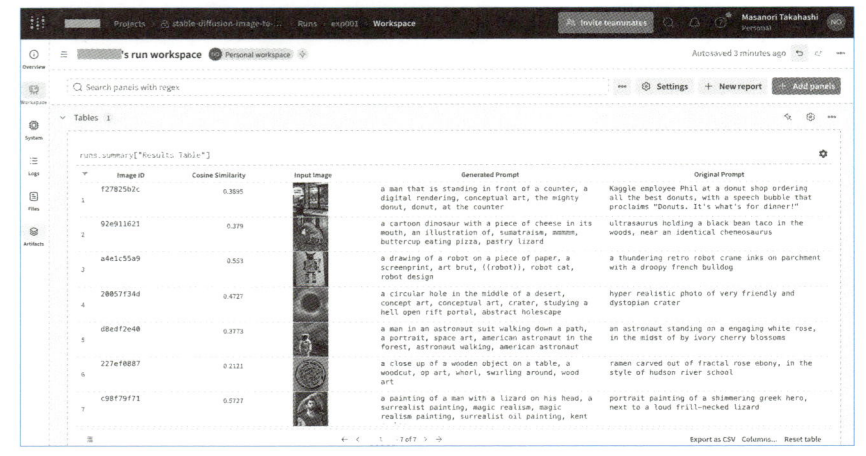

図4.22：テーブル機能による関連情報の一覧表示

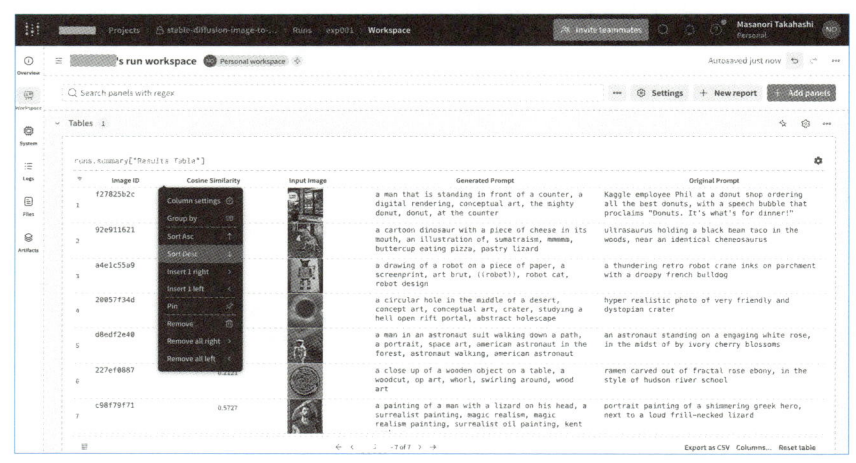

図4.23：テーブルのソートのやり方

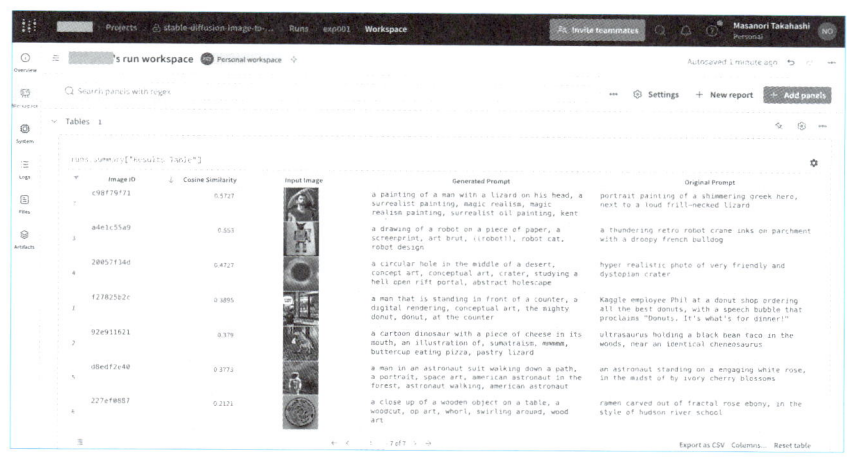

図4.24：コサイン類似度でのソート結果

　テーブルはカラムでソートすることができるので生成されたプロンプトとオリジナルプロンプトのコサイン類似度の高い順にソートしてみます（**図4.23**、**図4.24**）。

　コサイン類似度の高い順にソートすると、どのようなサンプルがうまく予測ができているか、簡単に見つけることができます。また、今回のコンペではコサイン類似度を可視化していますが、2値分類のコンペでは、予測値の確率を可視化することもできるでしょう。これにより予測値の確率と正解を見比べることで、どのようなサンプルでモデルが苦手か（得意か）を分析することが可能になります。このような分析は、モデルの改善方針を検討する際の重要な手がかりとなります。また、このベースラインでは画像とテキストのみを使用していますが、画像以外のメタデータや特徴量なども同じテーブルに記録しそれらを含めた多角的な分析が可能です。このように、1つのテーブル上で定量的・定性的な観点からデータを観察・分析できる点が、この機能の大きな利点です。

4.3 コンペ終了後に 取り組むべきこと

上位解法の確認と復習

　コンペが終わったあとにすべきことは上位解法の確認と復習です。Kaggleではコンペ終了後に、各チームがソリューションを公開してくれる文化があります。ここで上位の解法を読むことで自分の取り組みで足りなかったことは何かを確認することができます。また、確認のみならずLate Submissionをすることをお勧めします。

　Late Submissionとはコンペ終了後に、上位解法から学んだことを自分の特徴量やモデルに反映しサブミットすることです。Late Submissionをすることで、仮にコンペ期間中に上位解法を思いついていたら自分がどれくらいの順位になれたか確認できます。また、この取り組みをやることでコンペにおける肝は何だったのかも把握することができます。Late Submissionの重要性は、Kaggle Competitions Grandmasterの小野寺和樹氏も過去のインタビューで述べています（**URL** https://findy-code.io/engineer-lab/kaggle-onodera）。

　Late Submissionはコンペページ右上の「Late Submission」というボタンから行えます（図4.25）。実行済みのNotebookを提出すると（図4.26）、スコアが算出されます。

図4.25：右上にあるLate Submissionのボタン

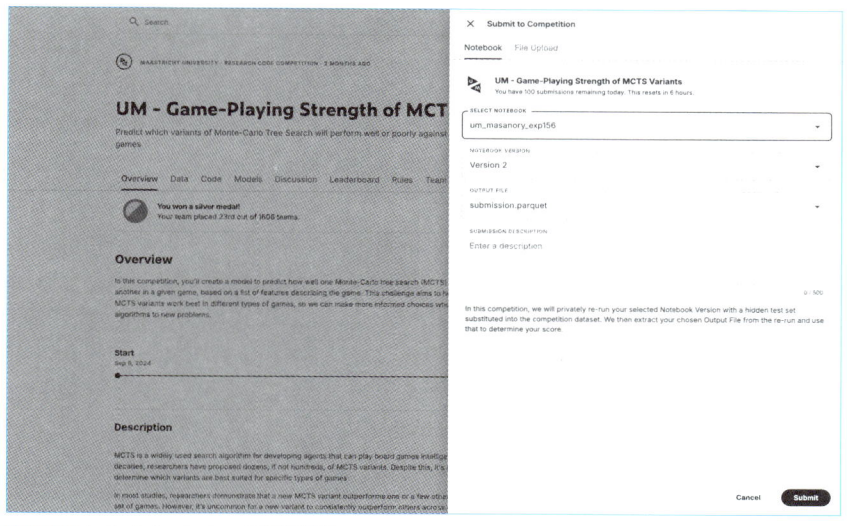

図 4.26：Late Submission の提出画面

コンペで得た知見やコードの整理

　また、上位解法を調査する際には、Discussion を読むだけではなく、表形式にまとめることをお勧めします。上位解法を表形式にまとめることで、上位に共通したテクニックやトリックが理解しやすくなります。ここでも生成AIの活用が効果的です。上位解法を複数入力して共通部分をまとめてもらうと、振り返りがスムーズになるでしょう。

　よく、Kaggle の上位解法を読んでいると、モデルアーキテクチャは過去のXXXコンペを参考にした、という内容をよく見かけます。Kaggle に勝てない時期が続いたとしても、Kaggle にチャレンジして、そこでの学びをまとめ、復習をし、それを活かして次のコンペに取り組むことがメダル獲得への重要なステップとなるでしょう。また、Kaggle では将来今回のコンペと同じデータ形式のコンペが行われる可能性があります。その際に、この上位解法のまとめは財産となるでしょう。

　さらに、将来に今回のコンペと同じデータ形式のコンペが行われる可能性があるということは、コードの大部分を使い回せるということになります。コンペに出るたびに毎回ベースラインを書くのではなく、一度自分なりの型を用意しておくと、新たなコンペに出る際に楽になるでしょう。

まとめ

　このChapterでは過去のコンペを題材に、NotionとWandBを使った実験管理の流れを実践形式で紹介しました。これらのツールの活用方法はあくまで一例にすぎないため、読者自身に合った実験管理の型を模索してみて下さい。またKaggleでは実践と振り返りがセットで重要です。本書を通じて得た知見を活かし、まずは現在開催中のコンペにチャレンジしてみるのはいかがでしょうか。実際に手を動かすことで、より深い理解と継続的なスキルアップにつながるでしょう。

## CHAPTER 5

チームでの実験管理

Chapter4までは個人でコンペに取り組む際の実験管理について
述べてきました。これに加えて、チームで取り組む場合、実験
管理には新たな課題や工夫が必要になります。この
Chapterではチームでの実験管理における課題と
その対策について解説します。

5.1 チームでの実験管理の課題

実験方法の統一

　個人でコンペに取り組む場合、実験管理の全容は自分のみが把握しておけば問題ありません。しかし、チームの場合は、複数メンバーで取り組むため、そういうわけにはいきません。メンバー間で実験管理や評価方法を統一する必要があります。

　特に、クロスバリデーション（Cross Validation、以下CV）の手法を統一することが不可欠です。CVとは、データを複数の分割（fold、フォールド）に分けてモデルの性能を評価する方法で（図5.1）、過学習（学習データに過度に適合し、未知のデータで性能が低下する現象）を防ぎ、モデルの汎化性能を評価するために用いられます。

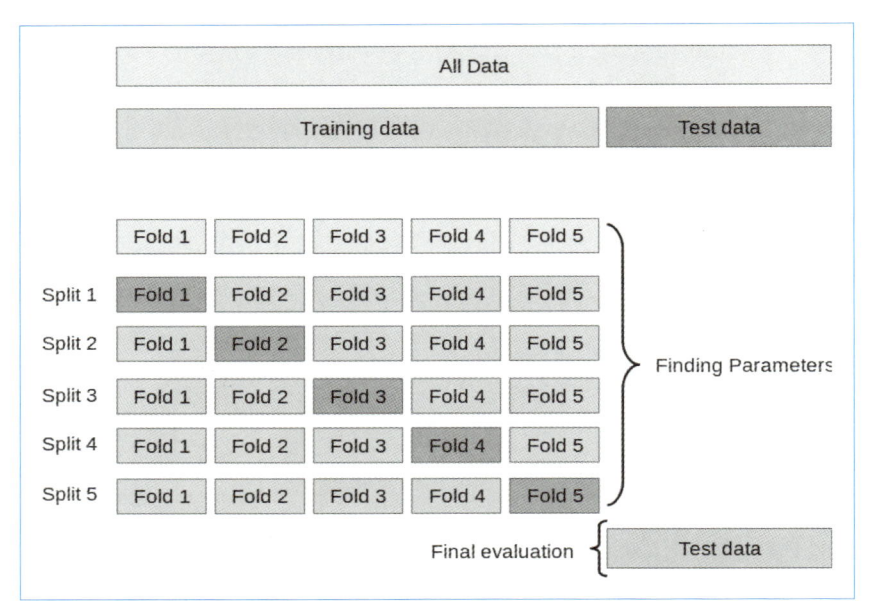

図5.1：学習データを5つのfoldに分割して評価する例
出典 『3.1. Cross-validation: evaluating estimator performance』より引用
URL https://scikit-learn.org/stable/modules/cross_validation.html

CVの方法が統一されていないと、各メンバーのモデルを正確に比較することが難しくなります。例えば、あるメンバーがKFold（データをランダムに分割）を使用し、別のメンバーがStratifiedKFold（あるカテゴリ変数の分布を維持して分割）を使用している場合、CVスコアの比較は信頼できなくなります。

アンサンブルやスタッキングにおける課題

チームでコンペに取り組む場合、最終的にはそれぞれのモデルを組み合わせて、アンサンブルやスタッキングを行うことが一般的です。

- アンサンブル：
  - 複数の予測値を組み合わせて、最終的な予測値を作成する方法
  - 一般的には、各モデルの予測値を一定の割合で加重平均をする
  - これにより、個々のモデルの弱点を補い、全体としての予測性能を向上させることが期待される
- スタッキング：
  - 各モデルのアウトオブフォールド（Out-of-Fold、以下OOF）を新たな特徴量とし、メタモデルを学習する方法
  - OOFとは、各フォールドにおいて、そのフォールドの学習に使用されなかった評価用データに対するモデルの予測値のこと

スタッキングを行う場合、すべてのモデルでCVの方法を統一していないとデータリーク（データ漏洩）が発生しやすくなります（図5.2）。データリークとは、モデルの学習時に本来未知であるべき情報が含まれてしまい、モデルの性能評価が楽観的になることです。CVを統一すると、データリークのリスクが軽減されます。

また、全員が同じCVで評価を行っていれば、そのスコアを基準としてアンサンブルの重みを決定することができます。これにより、より客観的な基準でモデルの優劣を判断し、アンサンブルの最適化が可能になります。

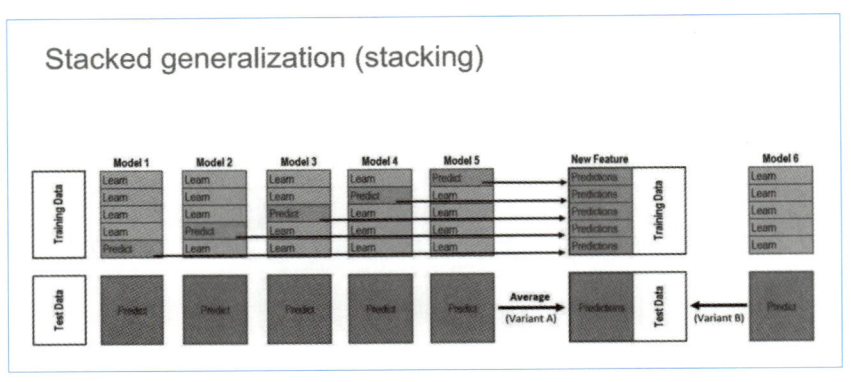

図5.2：スタッキングのイメージ

参考 『Tips and tricks to win kaggle data science competitions』より引用

URL https://www.slideshare.net/DariusBaruauskas/tips-and-tricks-to-win-kaggle-data-science-competitions

サブミッション数の制限

　チームでコンペに参加する場合、サブミッション数は個人参加時と比べて実質的に制限されます。最大サブミッション数が5回の場合、個人参加では1日に5回のサブミッションが可能で比較的自由に検証できます。しかし、5人チームの場合、1人あたりの実質的なサブミッション数は1回に制限されます。そのため、信頼性の高いCVスコアを算出し、それを基準にサブミットするモデルの優先順位を慎重に検討して、限られたサブミッション機会を効果的に活用する必要があります。

5.2 チームマージ後にまずすること

コミュニケーションツールの活用

チームマージをしたらチームで効果的な議論を行うために、コミュニケーションツールを導入しましょう。ツールは任意ですが、Slack や Discord（URL https://discord.com）などの無料のツールを使うと良いでしょう。

これらのツールでは複数のチャンネルを作成し、情報を整理することが可能です。図5.3〜図5.5 は Slack のチャンネルの一例です。

- general チャンネル：
  - チーム全体で共有すべき重要なサブミッション戦略などを議論
- times チャンネル：
  - 各メンバーの個人的な気付きや進捗を気軽に共有する
  - 有益な Discussion のリンクや参考資料を共有する

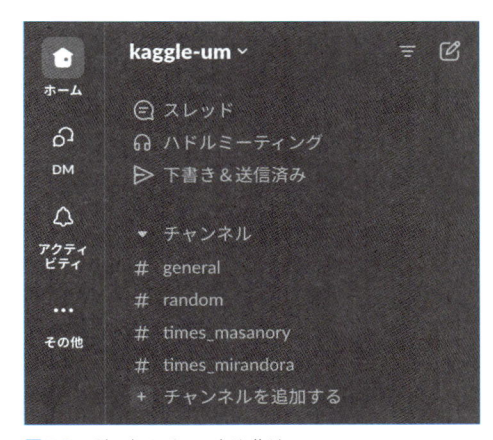

図5.3：Slackのチャンネル分け

図5.4：timesでのDiscussionに関する議論

図5.5：generalでのコンペ残り2日間でのサブ戦略に関する議論

過去の実験結果の共有

チームマージ後にさらなる精度向上を狙うために、各メンバーがこれまでに行ってきた重要な実験や、その結果をまとめて共有することが重要です。具体的には、以下の情報を共有すると良いでしょう。

- EDA（Exploratory Data Analysis）から導かれた有用な知見（図5.6）
- 効果があった特徴量エンジニアリングの手法
- 有効であったモデルやハイパーパラメータの設定
- 試したが効果がなかったアプローチやその考察

これらの情報を共有することで、チーム全体の知見を統合し、以後のチームでの実験方針を立てやすくなります。Notionの共有機能を用いてこれまでの実験管理表を共有したり、より詳細に、Microsoft社のパワーポイントなどを用いて処理のフローやモデルのアーキテクチャを図で説明したりするのも良いでしょう。

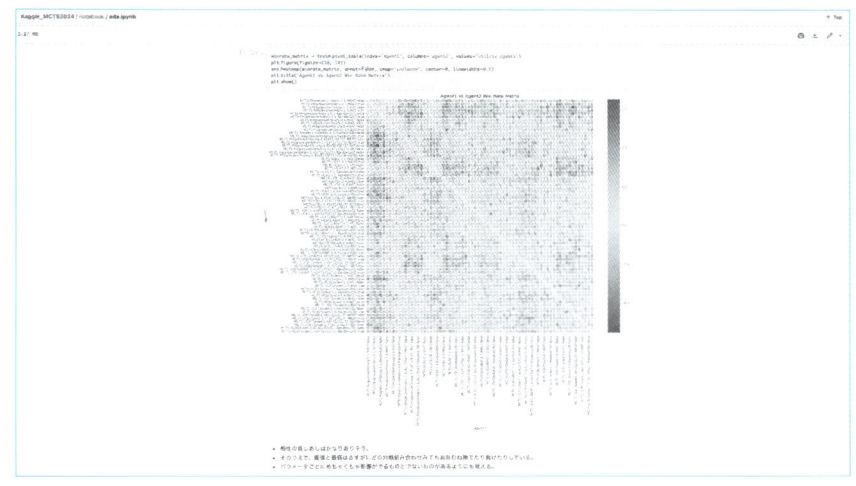

図 5.6 ： EDA 結果の共有

CV の統一

　前述の通り、CV の統一はチームでの実験管理において非常に重要です。まず、チーム内で信頼性の高い CV について議論を行い、その方法をチーム全体で共有しましょう。その上で、最適な方法に統一することが不可欠です。

　例えば、「KFold」を使用して分割する場合、シード値の違いによって異なる結果が生じる可能性があります。単に「KFold」を使用するという方針を決めただけでは、チーム内で CV を完全に統一できず、実験結果を正確に比較できなくなるリスクがあります。

　この問題を避けるために、学習データに fold 番号を追加したデータセットを共有することをお勧めします。データにユニークな ID が含まれている場合、その ID ごとの fold 番号を共有することが可能です。これにより、チーム全員が同じ fold を利用でき、CV が完全に統一され、実験結果の再現性と比較可能性が確保されます。

　具体的には、リスト 5.1 のようなコードで fold を作成し、その後チーム内で共有します（リスト 5.2）。

リスト5.1 fold作成者のコード

In
```python
# データの読み込み
df = pd.read_csv(config.input_path)


# KFoldのインスタンスを作成
kf = KFold(
    n_splits=config.n_splits,
    shuffle=config.shuffle,
    random_state=config.random_state
)


# fold列を初期化
df['fold'] = -1


# fold番号を付与
for fold_id, (_, val_idx) in enumerate(kf.split(df)):
    df.loc[val_idx, 'fold'] = fold_id


# fold情報を保存
df[['Id', 'fold']].to_csv(config.fold_path, index=False)
```

リスト5.2 チームメンバーが共有されたfoldを使用するためのサンプルコード

In
```python
# データの読み込み
df = pd.read_csv(config.input_path)


# fold情報の読み込み
fold_data = pd.read_csv(config.fold_path)


# df全体にマージ
df = df.merge(fold_data, on='Id', how='left')
```

```
# fold番号に基づいて学習データとバリデーションデータに分割
train = df[df['fold'] != 0]
valid = df[df['fold'] == 0]
```

　また別のケースとして、同じGameRulesetNameが学習データとバリデーションデータの両方に含まれないようにデータを分割したい場合には、GroupKFoldを利用する方法があります。GameRulesetNameを基準としたGroupKFoldを使用する場合、foldごとのGameRulesetNameをYAMLファイルでチームと共有します。このYAMLファイルに記載されたGameRulesetNameを基にCVを行うことで、チーム内で統一されたCVを確保でき、実験結果を正確に比較できます（図5.7）。

　具体的には、リスト5.3のようなコードで共有されたYAMLファイルを読み込み、学習データとバリデーションデータに分割します。

リスト5.3　GroupKFoldを使用した場合（GameRulesetNameを基準）

In
```
import yaml
# YAMLファイルのパス
yaml_file_path = '/kaggle/input/kaggle-experiment-book/➡
fold_0_groupkfold.yaml'

# YAMLファイルを読み込む関数
def load_yaml(file_path):
    with open(file_path, 'r') as file:
        data = yaml.safe_load(file)
        return data

data = load_yaml(yaml_file_path)
train_games = data.get('train_games', [])
valid_games = data.get('valid_games', [])
train = df[df['GameRulesetName'].isin(train_games)]
valid = df[df['GameRulesetName'].isin(valid_games)]
```

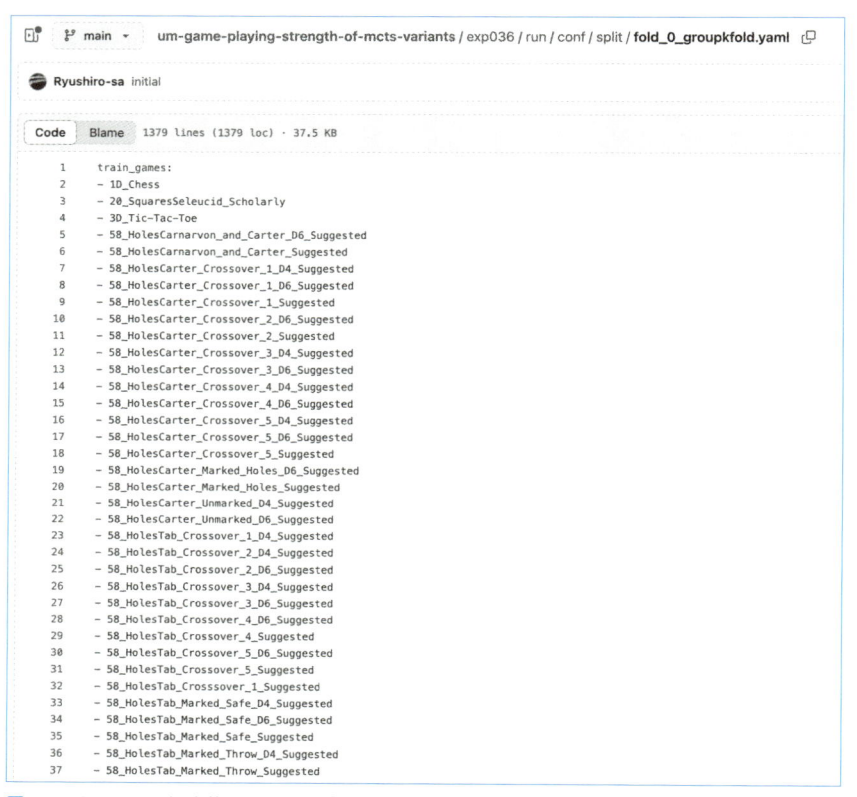

図5.7：GroupKFoldを使用した場合（GameRulesetNameを基準）

　このように、fold作成者がCSVやYAMLファイルを生成してチームメンバー全員に配布し、同じfold番号を使用することは、チーム全体での実験管理において非常に重要な役割を果たします。単にシードを固定するアプローチでも理論的には同じ結果が得られるはずですが、実際の開発環境では、ライブラリのバージョンの違いや、実装方法の微妙な差異など、予期せぬ要因によってチーム内でCVが完全に一致しないケースが発生する可能性があります。そのため、確実にCVを統一し、チーム全体で一貫した実験結果を得るためには、fold情報を明示的に共有するこのような方法を強く推奨します。これにより、チームメンバー全員が完全に同じ条件で実験を行うことが可能となり、より効率的かつ正確な実験管理を実現することができます。

まとめ

このChapterでは、チームでの実験管理における主要な課題と対策について解説しました。まず、実験の信頼性を確保するために、CVの方法を統一し、モデルの正確な比較と評価を可能にすることが重要です。また、アンサンブルやスタッキングを行う際も、CVを統一することでデータリークを防ぎ、客観的な評価を実現できます。チームマージ後は、SlackやDiscordを活用して情報共有を効率化し、過去の実験結果を共有して今後の方針決定に活用します。

ここに述べた例は1つの例に過ぎず、Chapter6ではKaggle Competitions Grandmaster/Masterの方々にチームマージにおける実験管理の方法についてもインタビューをして聞いています。本Chapterに続けてChapter6もお読み下さい。

コラム サブミッション時間の計測

近年のKaggleでは、推論時間に制限があるCode Competitionが多くなっています。ロバストなモデルを作るにあたってアンサンブルは有効な手段ですが、多数のモデルでアンサンブルを行うと、総推論時間が予想以上に長くなってしまい、制限時間内に推論が終わらなくなることもあります。そこで、アンサンブルを効率的に行うためには、各モデルの推論時間を正確に把握することが重要になります。

しかし、Kaggleのサブミッションページには、リーダーボード上のスコアや、サブミッションからの経過時間が表示されるものの、実際にそのサブミッションがどれだけの時間を要したのか、具体的な時間はわからないのが現状です。これにより、「サブミットにどれくらいの時間がかかるか?」と何度もサブミッションページを見に行った経験がある方も多いのではないでしょうか。そこで、サブミッションにかかった実行時間を正確に計測することで、アンサンブルに使えるモデル数を見積もることができます。

リスト5.4のコードは、Kaggleのコンペにおける最新サブミッションの経過時間を追跡し、その結果を表示するものです。サブミッションしたあとにこのコードを実行することで、サブミッションが完了するまでの時間を正確に計測することができきます。

リスト5.4 サブミッション時間を計測するコード

```
import os
from kaggle_secrets import UserSecretsClient
user_secrets = UserSecretsClient()
secret_value_0 = user_secrets.get_secret
("kaggle_api")

os.environ["KAGGLE_USERNAME"] = 'nori0724'
# Kaggleユーザー名
os.environ["KAGGLE_KEY"] = secret_value_0

import datetime
from datetime import timezone
import time
import kaggle

def track_submission(comp_name):
    """
    指定されたコンペの最新サブミッションが完了するまで経過時間を
追跡し、
    完了後にサブミッションの結果を表示する関数。
    """
    # 最新サブミッションの取得
    submission_data = kaggle.api.competition_
submissions(comp_name)[0]
    submission_ref, start_time =
str(submission_data.ref), submission_data.date

    # 完了ステータスを確認
    while submission_data.status != 'complete':
        elapsed_minutes = (datetime.datetime.now
(datetime.timezone.utc).replace(tzinfo=None)
```

```
                   - start_time).seconds // 60 + 1
        print(f'\r経過時間：{elapsed_minutes}分',
end='')

        # 最新のサブミッション状態を再取得
        submission_data = next(sub for sub in
kaggle.api.competition_submissions(comp_name)
if str(sub.ref) == submission_ref)
        time.sleep(60)  # 1分待機

    # 完了したサブミッション結果の表示
    current_time = datetime.datetime.now
(datetime.timezone.utc).replace(tzinfo=None)
    total_elapsed_minutes =
(current_time - start_time).seconds // 60 + 1

    result_message = f"""
    ファイル名：{submission_data.fileName}
    提出者：{submission_data.submittedBy}
    ノートブックURL：{submission_data.url}
    説明：{submission_data.description}
    経過時間：{total_elapsed_minutes}分
    公開LBスコア：{submission_data.publicScore}
    エラーメッセージ：
{submission_data.errorDescription or 'なし'}
    """

    print(result_message)

competition_name = 'um-game-playing-strength-of-
mcts-variants'  # コンペ名
track_submission(competition_name)
```

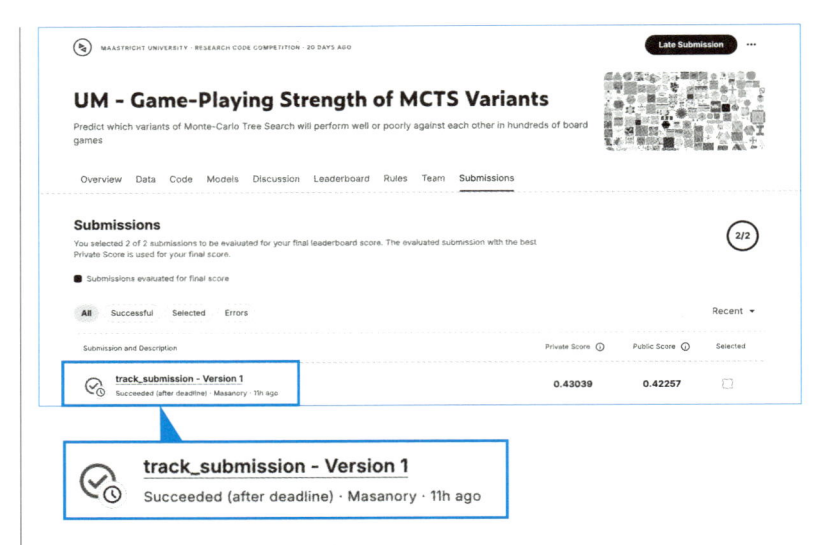

図5.8：サブミッション完了後のサブミッションページ

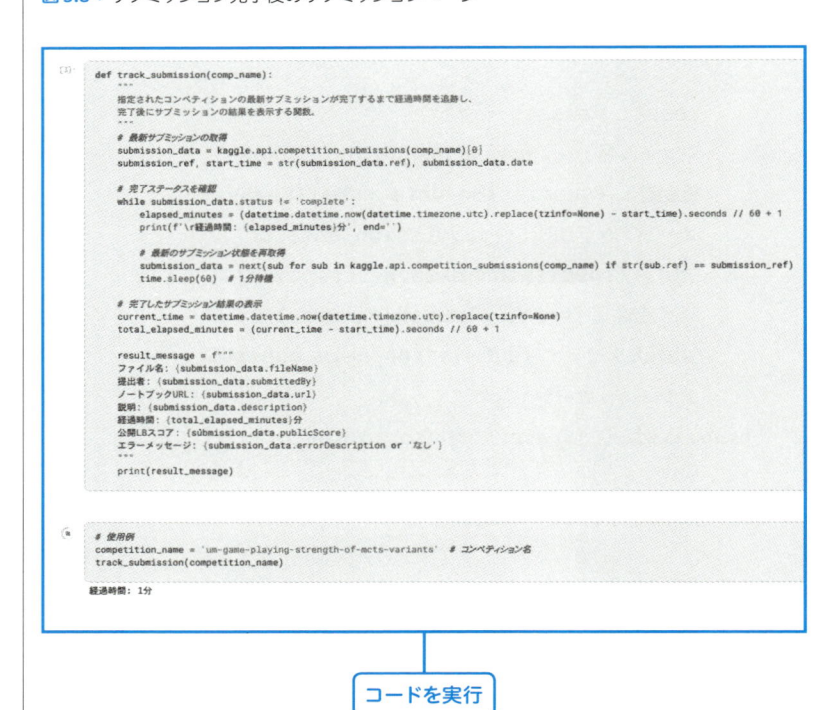

図5.9：サブミッション実行後にコードを実行する

```
In [4]:    # 使用例
           competition_name = 'um-game-playing-strength-of-mcts-variants'   # コンペティション名
           track_submission(competition_name)

           経過時間: 22分
             ファイル名: submission.parquet
             提出者: nori0724
             ノートブックURL: /code/nori0724/track-submission?scriptVersionId=214227602
             説明:
             経過時間: 23分
             公開LBスコア: 0.42257
             エラーメッセージ: なし
```

計測結果

図5.10：サブミッション時間の計測結果

図5.8では、サブミッション実行からの経過時間は11時間と表示されていますが、正確な実行時間を把握することはできません。一方、サブミッション直後にリスト5.4のコードを実行することで（図5.9）、サブミッションが完了するまでの時間を正確に計測することが可能です。図5.10によると、サブミッションの時間は23分であることがわかります。

CHAPTER 6

Kaggler インタビュー

このChapterでは、Kaggleにおける実験管理について、
Kaggle Competitions Grandmaster/Masterの方に
インタビューした内容を紹介します。

6.1 小林 秀 / すぐー
Kobayashi Suguru

プロフィール

- Kaggle Competitions Master
- **URL** https://www.kaggle.com/sugupoko
- メーカーでコンピュータビジョンや組み込み系のAIエンジニアとして従事。
  Kaggle は社内のチームで積極的に参加。

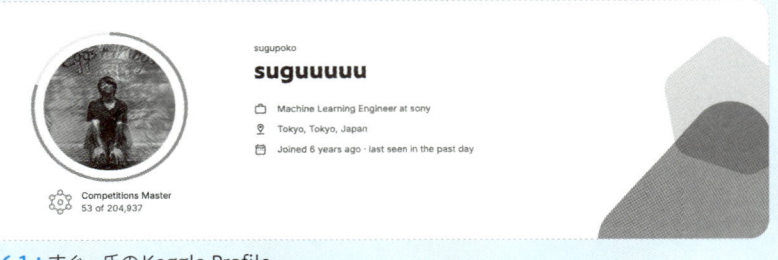

図6.1：すぐー氏のKaggle Profile

コンピュータビジョンからKaggleの世界へ

—— **これまでのキャリアについてお伺いできますか。**

すぐー 現在、某メーカーに勤務しています。入社当初は半導体の部門で、2年間ほど組み込みのソフトウェアをやっていました。そこから現在に至るまで、組み込み向けのAI開発や、そのAIを使った応用技術開発などに携わっています。Kaggle は Competitions Master で、過去に一度優勝実績があります。

—— **AI開発に興味を持たれた経緯についてお聞かせいただけますか。**

すぐー 学生の時に画像処理をやっていて、コンピュータビジョンに馴染みがあったことが1つのきっかけです。もう1つが「君、画像処理やってたからAIもやってみない？」という上からのお達しでAIに踏み込んだのが実情ですね。入社前、大学院の時は機械学習やデータ分析などには触れていませんでした。

—— **その延長でKaggleも始められたのでしょうか。**

すぐー はい、周りに AI に詳しい知り合いもおらず、勉強する環境が必要
だったことが、Kaggle との巡り合わせの背景でもありますね。

実験管理はモチベーション維持としても重要。
これくらいなら覚えられるという過信は危ない

――**Kaggle などのデータ分析コンペにおける実験管理の重要性について教
え下さい。**

すぐー 僕は、最初の頃は実験管理の重要性に気付いておらず、適当にやっ
たら大失敗したという経験があります。実験管理をしないと、やっ
たことの再現ができなくなったり、積み上げができなくなったりし
ます。これが一番困ることかと思います。

――**特に気を付けていること・工夫していることはありますか。**

すぐー Kaggle などでは、特にチームで取り組む場合、並列で様々な実験
をやると思うのですが、新しい実験がどの実験から派生したものな
のか、元の実験から何を変更したのかということを正確に記録して
残しておくことと、それをログとしてすぐ見れる・比較できるよう
にすることが重要だと思います。私は新しいコンペに参加すると毎
回コードを作り直す派なのですが、ログや実験記録が抜け落ちない
ように常に気を付けています。特に Kaggle 初心者の頃は並列実験
が多すぎて、「自分は何をしていたんだ」と混乱し、モチベーション
が下がってそのままコンペが終了する、というようなことがありま
したね。

――**確かにモチベーション維持という意味でも、実験管理は重要ですね。**

すぐー そうですね。実験管理は、正確にやる、成功させるためにやる、と
いうためのものではありますが、何をやっても改善するわけではな
い中で、積み上げで性能改善できるとか、ステップバイステップで
どこが問題なのかを管理できるとかを、実験管理して思い出すこと
でモチベーション維持できるという点はあると思います。このよう
なことはナチュラルにできるわけではないので、常に意識する必要
があると思います。

——これくらいなら覚えられるという過信は危ないですよね。例えば少し試すだけだからと変数名やメモが適当にならないようにするということでしょうか。

すぐー そうなんですよ。あとコンペ中に覚えていられるようなことはいいとしても、別のコンペに取り組む際に、過去のコンペを参照したくなる時があると思いますが、その時に実験管理できていると参照しやすいということがあると思いますね。

——確かに取り組み中のコンペ期間中だけではなく、別のコンペに参加した時に活きてきますね。

すぐー 僕が初めて金メダルを獲得できたのは "HuBMAP - Hacking the Human Vasculature"（ URL https://www.kaggle.com/competitions/hubmap-hacking-the-human-vasculature）という医療系コンペでした。なぜ金メダルを獲れたかと思い返してみると、何かブレイクスルーがあったというより過去の知識や実験管理が蓄積されていて、それらを見返しながら考えて出したアイデアがうまくヒットしたことが一番大きいと思っています。ただ、今でも過去の実験を参照した時に「なんだこれ？」となる時があります。多分自分もまだまだ正確に管理できておらず、どのような仮説で、どのような状態からこれを入れたらこうなった、というところまで全部メモが残っているといいんでしょうね。

——積み上げの話がありましたので、コンペの終了後の取り組みについて教えて下さい。Late Submissionや復習のようなことはされていますか。

すぐー Speaker Deck（ URL https://speakerdeck.com）でコンペの取り組みを資料としてまとめるようにしています（図6.2）。どのようなコンペだったか、どのようなところが難しいと思ったか、所感や上位ソリューションのリンクなどを記載しています。あとは参加していた人のXのつぶやきって結構重要だと思っていて、それもキャプチャして資料中に残していました。あとは実験メモですね。「この時こういうことをしていた」という履歴を全部残していました。

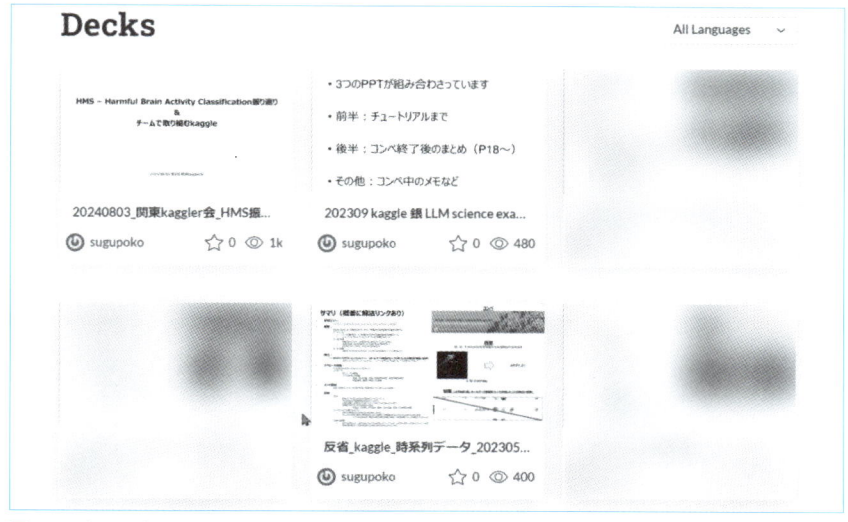

図6.2：すぐー氏のSpeaker Deck

──このような取りまとめ資料は外部にも公開しているのでしょうか。

すぐー　そうですね。基本的には自分のメモ用ですけど、公開する前提で書くことで、ある程度わかりやすくまとめて書かなくてはいけないという自分へのプレッシャーにしていました。また、誰かがこれを見て自分の市場価値が上がればいいなと思っていました。このような資料が貯まっていくのも1つのモチベーションになり楽しいですね。

実験管理ツールは普段から馴染みのあるものを使う

──具体的に実験管理で使用されているツールについてお教えいただけますか。

すぐー　仕事でもKaggleでも同じなのですが、基本的に実験はOneNoteのテキスト形式でメモしています。それとは別にlossやaccuracyなどのログですね。学習の時のfoldごとの性能などは、TensorBoardや、テキストファイルなどで管理しています。

──TensorBoardを使われている理由はありますか。

すぐー 無料で使えて、基本的なログ管理機能は備えており、必要十分だからです。あとは仕事で使っているから、ということも理由です。プロジェクトの人数が多かったり、実験結果に対して多くの説明をしたりする必要がある場合は、WandBなどのほうが使いやすいと思うのですが、自分が開発しているものはそこまで担当の人数が多くないので。あと自分も昔はWandBを試していたのですが、WandBは実験が失敗した時も全部ログが貯まってしまい管理しづらいと思いました。あとから失敗したログを消すのが面倒ですし。

──OneNote（図6.3）を使われている理由もお聞きできますでしょうか。

すぐー これも普段から使用しているという理由が大きいですね。表形式も扱えて、ファイルも貼り付けられて、チームにも共有しやすいので自分が実験管理する上で困ることは今のところないですね。train/validのlossの推移のようなものも画像としてフォルダで管理しています。あと、今後はNotebookLM（**URL** https://notebooklm.google.com）を活用できたらと思っています。

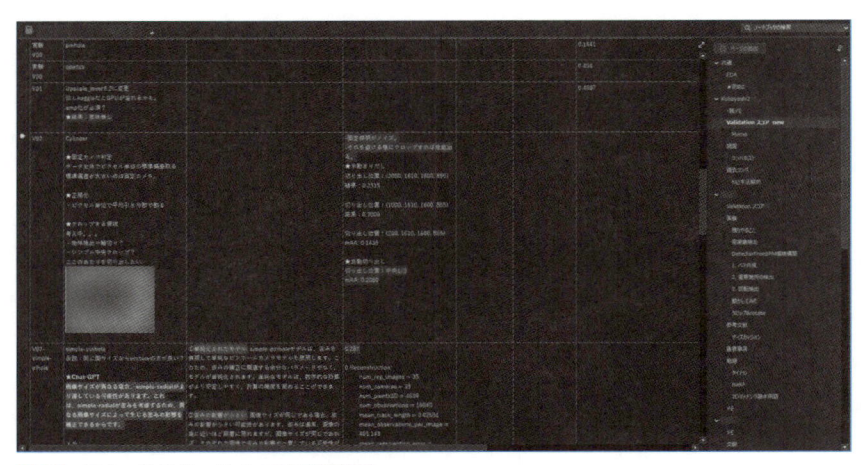

図6.3：すぐー氏のOneNoteでの実験管理

——特定ツールに依存せず、OneNoteでテキスト形式で貯めておくと今の時代だからこそNotebookLMなどでRAG（Retrieval-Augmented Generation：検索拡張生成。LLMに対して固有の知識を与えることで回答精度を向上させる技術）として活用しやすいという利点もありそうですね。

すぐー そうですね。うまくツール間で連携あるいはデータをエクスポートできると良いのですが、将来のAIツールなどの発展を考えると、意外にベタなテキスト形式が実は最強かもしれないですね。

コンペの裏側にある主催者の狙いを探る

——実験における仮説立てについてお伺いさせて下さい。どのように仮説を立ててどのような実験を行うか、結果についてどのような考察を行うかお聞かせ下さい。

すぐー 特にKaggleはコンペゲームなので裏の狙いがあるというのは考えています。コンペ初期の段階で、このコンペは何を競わせるためにテーマ設定がされているのだろうかと考えることが実験アイデアや仮説立てにつながってると思いますね。

——具体的に過去コンペでの実例はありますか。

すぐー HuBMAPで金メダルを獲得した時は、まず配られたデータがおかしい、偏っていると思いました。この偏りがあるのはなぜかと考えました。もしかしたら、少ないデータのラベルに対して、どのように対処するか、汎化性能を持たせるかを考えさせるコンペなのではないかと思いました。もしそうだとすると、MixupなどでData Augmentationする、Pseudo Labelingするなどの実験が考えられます。ただそもそも裏の狙いを探すこと自体が結構大変ではありますが。

——闇雲にいろいろ試すのではなく、最初に狙いを持つということですね。

すぐー そうですね。ただし、フェーズによって闇雲にやることも大事だとは思います。ひたすら他のコンペなどで精度が高かったもの・有名なモデルなどをとりあえず使ったら、自分の想像もしないような結果が返ってくることもあると思うんですよ。その結果から「なぜこ

の手法は効果があったのだろう」と仮説を立てていくこともあると思いますね。あとは仮説やアプローチ自体は正しくても実装が正しくない、設定が正しくないということもありますので。

様々なシチュエーションごとに
自分に合ったスタイルを探す

——**最後にデータ分析初学者から中級者の方に向けて、実験管理に関してメッセージをいただけますか。**

すぐー 実験管理は、人それぞれのベストプラクティスがあると思います。WandB、MLflow（URL https://mlflow.org）その他様々なツールの使い方があると思うので、ご自身の好み、AIのタスクの粒度、開発フェーズなど、様々なシチュエーションごとに自分にとっての最適な管理方法やスタイルを見つけていくのがいいと思っています。そのような経験を積む上でKaggleは最高なので、ぜひKaggleをやりましょう、ということが僕のアドバイスです。

6.2 Interview
penguin46

プロフィール

- Kaggle Competitions Grandmaster
- **URL** https://www.kaggle.com/ryotayoshinobu
- 大学院でスポーツ動画の解析の研究を行う。大学入学後、競技プログラミングを始めたのち、機械学習コンペに参加するように。

ryotayoshinobu

penguin46

Student at University

Osaka, Osaka, Japan

Joined 5 years ago · last seen in the past day

Competitions Grandmaster
69 of 202,825

図6.4：penguin46氏のKaggle Profile

スポーツ動画の解析の研究に携わりながら、自分のやったことのない種類のコンペに積極的に参加

──**現在の専攻や研究内容についてお伺いできますでしょうか。**

penguin46　大学院の修士課程の2年生で、情報学を専攻しています。修士では、スポーツの試合動画の解析に関して研究しています。大学に入ってから競技プログラミング（競プロ）を始め、2年間ぐらい競プロをしてから機械学習コンペをやり始めるようになりました。

──**これまでのKaggleの実績についてお聞かせ下さい。**

penguin46　Competitions Grandmasterで、金メダルを5枚持っています。様々な種類のコンペに参加していて、系列、音声認識、動画像、数理最適化のコンペなどに参加しています。自分が触ったことがないデータやモデルを触ることが好きなので、自分が参加したことがないようなタイプのコンペに出ることが多いです。

実験管理が重要な点は
性能評価、再現性、実験効率の３つ

───**実験管理の重要性についてお聞かせ下さい。**

penguin46　３つ大事なことがあると考えています。まず１つ目は性能評価を正確に行うということです。コードを実行するたびに諸々の実験条件が変わっていたり、変更したつもりではない条件が変わっていたりと、差分が明確でないと実験の結果を評価することが難しくなってしまいます。２番目は再現性に関してです。機械学習コンペでも実際のプロジェクトでも当てはまることだと思いますが、ローカルで動作することは中間の目標で、最終的にはテスト環境や本番環境で動作しないといけないです。しかし、本番の環境とローカルの環境はいろいろなギャップがあるので、ローカルの環境をなるべく本番環境に近づけていき、本番環境でも結果を再現できること、同じ環境でも自分が昔やったコードやその結果を再現できることが重要です。３つ目は実験サイクルを効率的に回すということです。いくつかの実験を並行して進めたり、以前に失敗した実験を途中から再開したり、何らかの変更をコードに加えた時にその差分を瞬時にチェックしたり、実験を進めていく上で面倒な作業を効率的に行えるようにすることは重要だと思っています。

───**これまで実験管理に関して困った経験などはありますでしょうか。**

penguin46　ローカルの環境とテスト環境の違いによって様々な問題が発生することはよくあると思っています。例えば、ライブラリのバージョンが違うためテスト環境でコードが実行できない、ローカルで学習したモデルをテスト環境でロードできない、テスト環境ではメモリが足りなくて動作しない、なぜか予測値が微妙にずれるなどですね。特にKaggleではテスト環境・提出環境で何かバグが起きるとデバッグがすごく大変です。提出が完了してみないとエラーになるかわからず、エラーログも見れず、実行待ちの時間や提出の回数を消費します。その他には、自分がずっと前にやった実験をもう１回再開したい

時に、コードのバージョン管理をきちんとしていないと、どの実験をどこでやったのかわからないとか、そもそもこのコードは何を実行するコードだったかわからないとか、差分がどこにあるかわからないといった問題も発生しました。

──一度トライしたもののうまくいかなかった・精度が上がらなかった実験をもう一回再開することはよくありますでしょうか。

penguin46　はい、よくあります。「これが絶対効く」と思えるアイデアは、序盤でうまくいかなかったとしても何度か試すようにしています。効くと信じている場合、できるだけ効かない理由の考察とそれを裏付ける実験結果が出るまで実験を続けます。序盤に効かなかったけど終盤では効くというような場合、大事な考察が不足していてアイデアが不完全だったり、実装力が足りずに精度を出しきれていなかったりするという場合があります。

──逆に実験管理の成功例についてもお教えいただけますでしょうか。

penguin46　まずは環境のギャップを減らすことの例です。テスト環境のライブラリのバージョンやテスト環境で使われているDockerイメージをローカルでもそのまま使ったり、ローカルのディレクトリ構成を提出環境のディレクトリ構成と揃えておいたりすることですね。ライブラリのバージョンやファイルパスのタイプミスによるバグで躓くことが減ります。あとはGitを使うことによってコードのどこを修正したのかということを追跡できるようにしたり、Notionに日記のページを設けて考えたことをそのまま記録したりと、過去の実験を振り返ることができるようにすることも、実験をスムーズに回すために役立っていますね。

Notionの日記に考えたことをそのまま記録、Dockerを用いてWSL上でコードを実行

——**実験管理で具体的に使用しているツールについて使い方や使われている理由などを併せてお教えいただけますでしょうか。**

penguin46　GitとGitHubは、コードのバージョン管理や、チームメイトとソースコードを共有するために使っています。Notionは、自分がやった実験の内容、その時何を考えていたのか、今後どういうことをしたいのか、気になったもののよくわからないことのメモなど、日記みたいな感じで使っています（図6.5）。あと実験管理とは少し違いますが、最近はChatGPTを使うことが多くて、シェルスクリプトを書かせたりとか、コンペの序盤にドメイン知識を質問したりとか、コード実行時にバグが

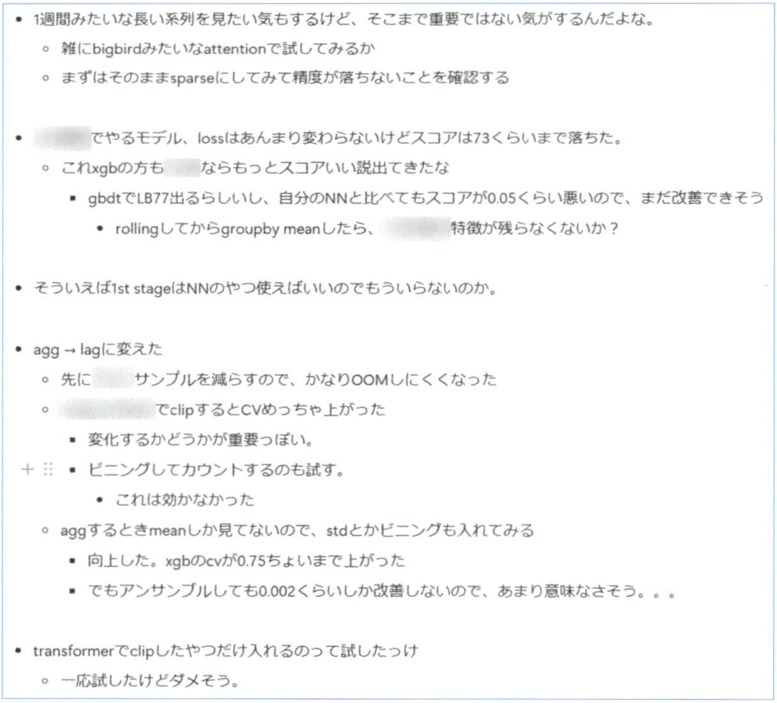

- 1週間みたいな長い系列を見たい気もするけど、そこまで重要ではない気がするんだよな。
  - 雑にbigbirdみたいなattentionで試してみるか
  - まずはそのままsparseにしてみて精度が落ちないことを確認する

- 　　　でやるモデル、lossはあんまり変わらないけどスコアは73くらいまで落ちた。
  - これxgbの方も　　　ならもっとスコアいい説出てきたな
    - gbdtでLB77出るらしいし、自分のNNと比べてもスコアが0.05くらい悪いので、まだ改善できそう
      - rollingしてからgroupby meanしたら、　　　特徴が残らなくないか？

- そういえば1st stageはNNのやつ使えばいいのでもういらないのか。

- agg → lagに変えた
  - 先に　　　サンプルを減らすので、かなりOOMしにくくなった
  - 　　　　でclipするとCVめっちゃ上がった
    - 変化するかどうかが重要っぽい。
    - ビニングしてカウントするのも試す。
      - これは効かなかった
  - aggするときmeanしか見てないので、stdとかビニングも入れてみる
    - 向上した。xgbのcvが0.75ちょいまで上がった
    - でもアンサンブルしても0.002くらいしか改善しないので、あまり意味なさそう。。。

- transformerでclipしたやつだけ入れるのって試したっけ
  - 一応試したけどダメそう。

図6.5：penguin46氏のNotionでの日記

発生したらそのエラーログをそのまま ChatGPT に貼って聞いたりなどに使用しています。GitHub Copilot も学生の間は無料なので使用しています。計算環境は、Windows マシン上で WSL2 と Docker Desktop を使用していて、エディタは VSCode です。

——ラベル付けのようなことはされているのでしょうか。

penguin46　いいえ、していません。Notion を使い始めた頃はやっていたのですが、自分はこういうことをやり始めるとすごくこだわりすぎて逆に面倒に感じてしまうので。すべてを日記に箇条書きで記録し、必要な時に読み返しています。とにかく情報さえ残っていれば困ることはないという考えです。

——**CV（Cross Validation）/ LB（Leaderboard）のスコア管理はどのようにしていますか。**

penguin46　基本的には日記にメモしたり、コミットログに残したりする程度で、あまり整理はしません。コンペの序盤や終盤に CV と LB を細かく整理したい時には、スプレッドシートにまとめたり散布図を書いたりします。

——**Notion の日記から特定の情報を見返したい時はどのようにしていますか。**

penguin46　このくらいの時期にこういうことを考えていたはずだと思って日付を見ながら遡るか、キーワードで検索することが多いです。1 枚のページにすべてを記録しているので、［Ctrl］＋［F］キーで簡単に検索して探すことができます。

——**今はまだ使っていないものの気になるツールはありますか。**

penguin46　Cursor（ URL https://www.cursor.com）という、生成 AI を使ってチャットしつつコード提案をしてくれるコードエディタが気になっています。今はバグが発生した時に ChatGPT にそのまま貼り付けることが多いのですが、しばしば関連するコードも共有しないと正しい返答が来ないことが手間です。

それぞれの解法パターンごとに Notebook を分けて実験ごとのベストを更新、ある程度固まったコードは都度 src に移動

――実験ごとのコードの管理はどのようにされていますか。

penguin46 標準的なコンペに参加する時のディレクトリで説明します。ディレクトリを順番に説明すると、「.devcontainer」や「.vscode」は環境に関する設定ファイルです。「input」が入力ディレクトリで、コンペのテスト環境と同じ構成をするようにしています。つまり、「input」ディレクトリの直下にデータセットの名前があって、その下に実際のデータが入っているという構成です。「notebook」には、EDA をしたり、簡単な実験をするための Notebook が入っています。「train」は提出用の Notebook や訓練用の Notebook が入っています。Notebook の単位は、LightGBM・1dcnn など、モデルによって使い分けています。それぞれのパターンでモデルが改善されたら、その Notebook を直接更新していくという風にしています。また、すべてのコードを学習用 Notebook に入れると、Notebook のサイズが肥大化して管理しにくいので、変更の少なくなってきた部分は、「src」ディレクトリに移動していきます。あと「src」ディレクトリの中に Config.yaml というファイルがあるのですが、そこには解法パターンごとに諸々のパラメータの設定がまとまっています。それぞれの解法パターンごとに実験 ID とベストの実験 ID がまとまっています。基本的にはそこの実験番号を増やしていくと、その番号に対応した出力ディレクトリにモデル等が保存されていきます。提出する時にはそのベストの実験 ID のディレクトリにあるチェックポイントがロードされるようになっています（図6.6）。ただ、この辺の Config 周りはもっと綺麗に管理できるはずなので、近いうちに見直したいと思っています。

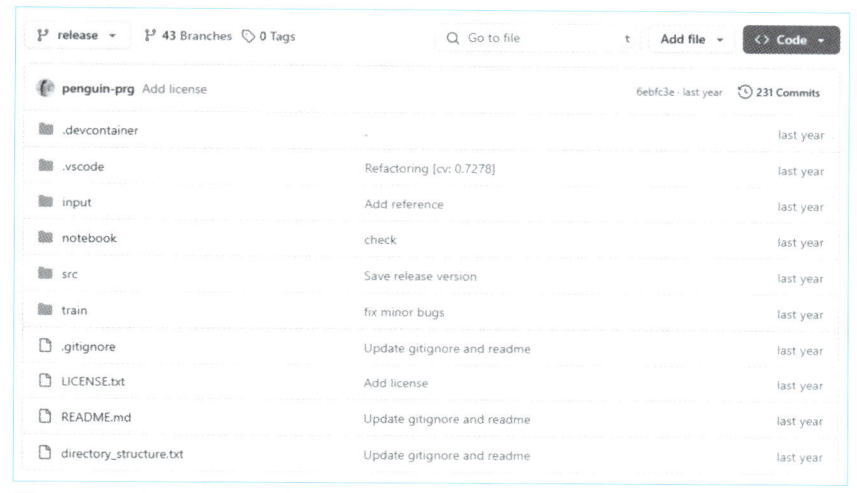

図6.6：penguin46氏のコードディレクトリ

──**実験ごとの過去のコードや設定はどこかに保存されていますか。**

penguin46　Gitを使っているので、過去のコミットに保存されていますね。もし昔のコードや設定が見たくなったら昔のコミットに戻って確認します。

──**ところで解法アプローチごとにご自身のコードのテンプレートのようなものはあるのでしょうか。**

penguin46　そうですね。例えばGBDTは毎回ほぼ同じコードを使えるため、ライブラリとして学習・推論・特徴量重要度のプロットなどの単位で関数化しています。使用する時はそれをimportしてDataFrameやfold情報やハイパーパラメータを渡すだけです。一方でニューラルネットは都度コンペごとに細かくネットワークを変えたり、入力の形式を変えたり、いろんな工夫をしていきたいので、抽象化しすぎると使いにくい気がしています。GBDTのようなスニペット化はあまりできていないですね。

──このようなコードにいつ頃から整理されていきましたか。

penguin46　GBDTに関してはあまりアップデートするところがないため、2回目か3回目のコンペからほとんど同じものを使っていると思います。

チームではGitHubリポジトリを共有した上で、随時思いついたことややったことをSlackで共有する

──次にチームでの実験管理について教えて下さい。先ほどのNotionの日記も共有しているのでしょうか。

penguin46　日記は恥ずかしいので共有しないですね。基本的にはGitHubリポジトリを共有することと、随時思いついたことややったことをSlackで共有するぐらいですね。times（分報）を作ることもありますが、通知が飛んでいたら申し訳ないのであまり使わないです。あとはCVのスプリットを共有したり、自分のやってきた実験とその結果をざっくり共有したりします。環境の細かい部分はあまり共有しないことが多いです。

──サブの管理はどのようにされていますか。Slackでやり取りされていますか。

penguin46　そうですね。あまり1日のサブが足りなくなったことがないのですが、2、3人のチームの場合、1日の中で2回目ぐらいのサブまでは黙って提出して、3つ目、4つ目のサブを使う時には「サブしていい？」と聞いてから出すようにしています。

まずはコンペに強い人のリポジトリ・環境を参考にして同じように進めてみる。うまくいかない時は思いつく可能性をすべて潰す

──コンペを楽しむ秘訣や、コンペ選びで重視している点はありますか。

penguin46　コンペを楽しむためには、自分の興味のあるコンペに出るのが一番だと思います。興味のないコンペを何ヶ月もやるのはすごく辛いですし。あとは頑張っても結果が伴わないと辛い

ので、CVとLBが相関しているという点もコンペ選びで重視しています。

——**最後に読者の方、データサイエンス初学者・中級者の方に向けたメッセージをお願いいたします。**

penguin46　自分はまだデータサイエンティストではないので、これからコンペを始める方に向けてという話をします。コンペで解法を改善していくには、大量の試行錯誤が必要で、実験管理は非常に重要になります。具体的な実験管理のやり方には様々な流儀・ツールがあるので、各々好きなようにすれば良いのですが、特にこだわりがなければ、まずはコンペに強い人のリポジトリ、環境を参考にして同じように進めてみるのがいいと思っています。また、機械学習モデルの性能は、乱数や環境などで微妙に変わることもあります。ローカルでは良い精度でもLBでスコアが悪いということはよくあるのですが、そこで「乱数のせいだろ」と決めつけてしまうと、もし他が理由だった時に問題に気がつけません。思いつく他の可能性を全部潰したり、乱数だと思うなら複数シードでスコアがどの程度ぶれるかを確認したり、テストデータの分布を調べたりして、できるだけ丁寧に実験をすることが大事だと思います。

6.3 Interview tk

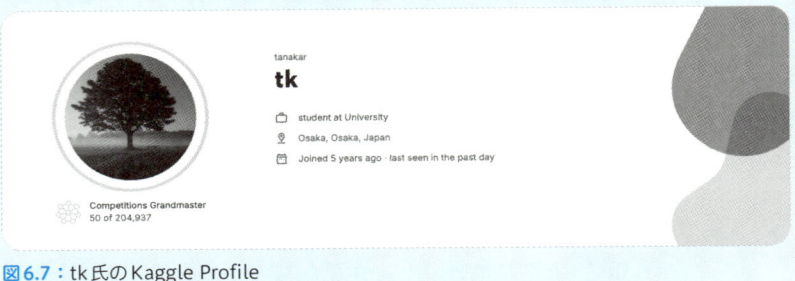

図6.7：tk氏のKaggle Profile

画像処理系のコンペを中心に、変わったコンペに積極的に参加

——**現在の専攻や研究内容についてお伺いできますでしょうか。**

tk 　現在学生で、大学院で情報系に所属しています。通信ネットワークの研究をしていて機械学習も用いています。

——**これまでのKaggleの実績についてお聞かせ下さい。**

tk 　KaggleはCompetitions Grandmasterで主に画像処理や自然言語処理のコンペに参加しています。現在、金メダルを6枚持っています。一番成績が良かったのは"USPTO - Explainable AI for Patent Professionals"（ **URL** https://www.kaggle.com/competitions/uspto-explainable-ai、以下USPTO）というコンペで、チームで参加して1位を獲得しました。

——**コンペ選びの基準はありますでしょうか。**

tk 画像処理コンペがいいですが、典型的なタスクだとやることがなくて面白くないので、特徴的なコンペを選びます。Kaggle 以外では atmaCup（**URL** https://www.guruguru.science）にも参加しており、こちらではテーブルデータコンペの評判がいいので頻繁に参加しています。

正確に過去の実験を再現できるようになってからコンペで上位に

——**実験管理についてのお考えをお聞かせ下さい。**

tk 実験管理の重要性は非常に高いと思っています。適切な実験管理ができていないと、過去に開発したモデルの構造や精度といった、行った実験の内容をあとで確認できなくなってしまいます。

——**実験管理で過去課題に感じていたことはありますでしょうか。**

tk 主に再現性の面ですね。過去の実験内容をあとで正しく再現できる管理の方法を考える必要があるので、そこに一番時間を使いました。例えば、過去に Kaggle のサブミッションに使用したモデルをどのように学習したら再現できるのかがわからなくなってしまったことがあります。逆に過去の実験を正確に再現できるように実験管理の方法に切り替えることで、うまくいくようになりました。

実験は高速に効率的に実施、コーディングでは Git の他、生成 AI の活用も

——**実験管理で用いている具体的なツールについて教えて下さい。**

tk ツールは主に WandB と Notion を使っています。WandB を選んだ理由は、数行のコードでモデルの loss や CV を WebUI で確認できることと、複数の実験の loss を比較しやすいため選んでいます。Notion は実験内容のメモや実験の結果をテーブルでまとめたり実験結果を基にした考察を書き留めたりするのに便利なので使っています。各実験は exp001 のような名前を付けて、WandB や Notion といった複数の実験管理ツールで参照できるようにしています。

──**Notion での実験管理で具体的に見せていただけるものはありますでしょうか。**

tk　"LEAP - Atmospheric Physics using AI (ClimSim)" (URL https://www.kaggle.com/competitions/leap-atmospheric-physics-ai-climsim) は最後までやったものではないのですが、項目の例としてこのコンペを用いて説明します。実験ごとに実験番号と CV/LB、実験内容、あとはタグとして「reduce」「不採用」「採用」などを記載しています。このコンペはデータが多かったため、全データを用いると学習時間がかかりすぎるので、一部のデータを用いて、いいモデル構造を探索するような実験について「reduce」というタグを付けていました。実験として良かったものはベストモデルに用いるということで「採用」というタグを付けています。あと実験結果をまとめているものとは別に、日記のように日付ごとにやったことや Discussion を基にした考察なども書いています。それとは別にドメインに関連するドキュメントなどの資料は日記とは分けて管理しています。

──**「reduce」というタグに関連してお聞きしたいのですが、実験を高速に回すためにデータを絞る以外に工夫していることはありますか。**

tk　画像コンペだと画像サイズを最初に大きくし過ぎてしまうと学習が全然終わらなくなってしまうので、最初は小さめにして、良いモデル構造やパラメータを見つけたあとに画像サイズを大きくするようにしています。自然言語処理の場合はトークン長などを調整しています。

──**コード管理はどのようにされていますか。**

tk　メインの学習用のコードは Git で管理しています。パラメータの変更などは別の Config ファイルを用意して、どの実験がどの実験ファイルを使えばできるのかをわかるようにしています。画像処理や自然言語処理のような典型的なコンペは基本的には同じような実験管理になりますが、例えば "USPTO" みたいに他のコンペと違いすぎて、WandB を使う必要がないと感じた時は、結構自由に 1 実験 1Notebook でやっています。

—— **生成AIなどは活用されていますか。**

tk　生成AIはコードを書く時によく使っていて、ChatGPTとGitHub Copilotを使っています。あとは論文を読む時にChatGPTに投げると要約などをすぐに返してくれるので、よく使っています。

—— **今後使ってみたいツールはありますか。**

tk　Hydra（ URL https://hydra.cc）というツールが実験のパラメータを管理するのに使われているのを、最近のコンペの公開Notebookとかで見かけるようになったので、いつか導入してみたいと思っています。

1つのアプローチについてパラメータ探索は徹底的に行う。調べ尽くしてから次のアプローチに進む

—— **ここからは具体的な実験管理の進行についてお聞きしたいと思います。あるアイデア・アプローチがある時にパラメータを変えて試行錯誤するか適宜切り替えて様々なアプローチを試すか、どのように進められていますか。**

tk　1つのアプローチについてのパラメータの探索は徹底的に行うほうです。パラメータの探索は思いつくものがすごく多くなってしまうので、例えばテキストに関する処理だったらテキストを用いている過去のコンペを大量に調べて汎用的な手法とパラメータを調べ尽くして、それらを全部試してから次のアプローチに進みます。

—— **実験が想定と異なっていた時、精度が上がらなかった時にどのように考察されていますか。**

tk　Notionでその実験のうまくいかなかったところをメモしています。例えば「これを使ったけど効かなかった」とか「その理由は多分こうだろう」みたいなこともいろいろ書き留めています。

—— **大きくパイプラインを変更される時はどのように管理されていますか。**

tk　パイプラインを大きく変える時は、exp001からやり直して別の実験表に書いています。あとCV自体を変更した時も表を変えます。例えば最初のCVだとリークしているということを気付いて別のCVに変えると

いうことはありますね。その時は結構大きめな変更なので、パイプラインを変えたのと同じように実験番号を新しく作って、exp001からやり直していきます。

チームにはGitHubのリポジトリを共有、Slackを利用して時間不定期で都度自由にやり取り

——次にチームでの実験管理についてお聞きしたいと思います。チームマージした時にどのようなことを行っていますか。

tk　まずはGitHubのリポジトリを他のチームメンバーに共有して、あとはSlackでやり取りができるようにしています。ミーティングは結構不定期ですね。決まった時間をとって通話するといったことはほぼしなくて、Slack上で時間不定期で、結構自由にやり取りしていることが多いですね。

——チームはどのような方と組んでいますか。もともと知り合いのKagglerが多いのでしょうか。

tk　知り合いはpenguin46氏くらいで、あとはコンペを通して知り合ったKagglerが多いです。海外の方とチームを組むこともあります。Kaggleの実績がある人と組むようにしています。

自分より強い人の解法やコードを読んで自分との差を分析、復習をしっかりすること

——最後にデータサイエンス初級者/中級者の方へ向けたアドバイスをお願いいたします。

tk　学習モデルの開発において、精度を改善するためには大量の実験を行ってそこから改善策を考える必要があります。あとから実験の内容を正しく把握できるような実験管理の方法を整備することが一番重要です。

——Kaggleで成果を出すための秘訣、アドバイスはありますでしょうか。

tk　参加したコンペの復習をしっかりとすることです。自分より強い人の解法を読んだり、コードを読んだりすることは非常に勉強になるので、そ

のあたりをちゃんとやっておけば、強い人の手法が身に付いてメダルを
獲れるようになると思います。

──**コンペ後の復習について深掘りしてお聞きしたいのですが、Late Submission
含めてどのようなことをやるかルーティーンのようなことがあればお
教えいただけますでしょうか。**

tk　自分が出たコンペだと上位の解法を読んで、自分の解法にないものや、
あと自分が1位以外であれば自分よりも上の順位の人とどこで差がつい
たのかを分析して、自分のコードに組み込み、Late Submission でどの
程度精度が変わるかを確認するようにしています。だいたい2週間くら
いの期間取り組みます。自分が出ていないコンペでも、自分が今参加し
ているコンペと非常に類似するコンペであれば、上位の人のコードを動
かしたりすることはあります。

6.4 Interview

荻野 聖也 / Masaya
Ogino Masaya

プロフィール
- Kaggle Competitions Master
- **URL** https://www.kaggle.com/irrohas
- 通信会社でAIエンジニアとして主に画像処理に関する業務に従事。学生時代から Kaggleに参加。

irrohas
Masaya

- AI Engineer at IT corp
- Tokyo, Tokyo, Japan
- Joined 6 years ago · last seen in the past day

Competitions Master
545 of 204,937

図6.8：Masaya氏のKaggle Profile

画像処理や自然言語処理を中心に 業務やKaggleに参加

──**これまでのキャリアについてお伺いできますか。**

Masaya 新卒で大手通信会社に2021年に入社しまして、現在4年目になります。業務は画像処理や自然言語処理に関するものです。いわゆるAIエンジニアでして、「AIでこういうことができませんか」という話を社内から相談された際の技術検証をしたり、逆にこちらから「AI使ってこういうことができますよ」という技術発信を行っています。

──**Kaggleはいつ頃から始められましたか。**

Masaya Kaggleは大学時代からやっていたのですが、本格的に取り組み始めたのは社会人になってからです。"Feedback Prize - English Language Learning"（**URL** https://www.kaggle.com/competitions/feedback-prize-english-language-learning）というコンペで初めて金メダルを獲りまして、そのタイミングでKaggle Competitions

Masterに昇格しました。その後、"The Learning Agency Lab - PII Data Detection"（**URL** https://www.kaggle.com/competitions/pii-detection-removal-from-educational-data）という個人情報を特定するようなコンペでも金メダルを獲って、現在金メダル3枚です。

——**自然言語処理系のコンペが得意なのでしょうか。**

Masaya 業務に関連して、画像処理および自然言語処理は興味があります。あとは推薦系のコンペは取り組んでいて楽しいです。

実験管理は自分に合った方法を選ぶ。複雑な管理方法はかえって混乱を招くことも

——**Kaggleなどのデータ分析コンペにおける実験管理の重要性について教えて下さい。**

Masaya Kaggleは限られた期間内でかなり大量の実験を行いトライアンドエラーを繰り返すと思うのですが、コンペ中のある時点で、自分があとから見てどのような取り組みが効果的だったかを振り返る必要があると思います。そういった時にやはり何かしらエビデンスが整理されていないと把握ができなくなってしまいます。

——**Kaggleにおいて特に実験管理していたからうまくいった事例はありますか。**

Masaya 僕が金メダルを初めて獲得した "Feedback Prize - English Language Learning" というコンペだと、複数モデルを組み合わせるアンサンブルが重要でした。そういった時にどのモデルを組み合わせるかという指標を立てる上で実験管理が役立ちました。また別の例ですと、"H&M Personalized Fashion Recommendations"（**URL** https://www.kaggle.com/competitions/h-and-m-personalized-fashion-recommendations）や "OTTO – Multi-Objective Recommender System"（**URL** https://www.kaggle.com/competitions/otto-recommender-system）などのレコメンデーションコンペにおける取り組みがあります。これらのコンペでは、かなり複雑な実

験をやっていました。その中には、僕自身うまくいかなかったと思う実験もありましたが、メモ書きで「こういうことを試した」という旨をいろいろ書いていたんですよね。すると、コンペ中に行き詰まった時に、「そういえば昔どういうことを試していたか」と見返して、そこからある程度仮説を立てて「それならこういう手法を試せるのではないか」と次の実験アイデアにつなげていました。

──逆に実験管理がうまくいかなかった例はありますでしょうか。

Masaya 僕は昔、ワンスクリプト書いて実験ごとにConfigで全部制御する、というやり方をしていました。しかし気を付けないといけない点が多くて、僕には馴染みませんでした。ディープラーニングで使うハイパーパラメータを定義する場合を話します。Configにないような設定、例えばスケジューラーに関する設定があった場合、当初Configではラーニングレートしか決めていなかったものの、その後スケジューラーを定義したくなったとします。するとConfig、および実験ごとのmain.pyのようなコードどちらにもアップデートをかける必要があり非常に手間に感じました。最初からパラメータを見通しよくコード設計できていたらそのような実験方法もありだと思うのですが、僕の場合はあまり合わず、やめました。

様々なツールを試して、現在はスプレッドシートですべて完結

──具体的に現在実験管理で使っているツールをお教えいただけますでしょうか。

Masaya 結論から言うと、現在はスプレッドシートで統一しています。MLflowなど様々な方法を試したのですが、あるタスクでは使えても別のタスクでは管理・表現し切れなかったり複雑になったり、複数のタスクが組み合わさるコンペも多くなっている印象です。あとは実験のメモ書きとしてNotionを試したこともありましたが、スプレッドシートで一括管理するやり方が自分には合っています。lossの推移だけloggerで出力して別で見ています。

CHAPTER 6 Kagglerインタビュー

——**スプレッドシートにはどのような項目を記載しているのでしょうか。**

Masaya 実験IDごとに、用いたモデルや特徴量、パラメータ、loss、目的
関数、それにCVやLBの結果を記載しています。あとはコメント
や注意点、工夫点を備考欄に書く、ということが多いです。その
他、例えばレコメンデーションコンペ等の場合は、候補生成のた
めに使った手法などを記載しています。そのような場合はスプ
レッドシートでシートを分けて実験IDごとの候補生成の詳細を
まとめています。LBとCVのスコアについては散布図をプロット
して相関が取れているかを確認するようにしています。

——**備考欄に記載する事柄についてより詳しく教えていただけますでしょうか。**

Masaya 基本的に自分で作ったベースラインとの比較を書くことが多いで
す。例えばpost processingの変更などです。ある程度実験が進
行して自分の中のスコアのベストが更新されてくると、ある時点
の実験を新たにベースラインにし直すこともあります。つまり
ベースラインを更新しながら、ある実験がどの実験と比較して良
かったのかということがわかるようになっています。ちなみに
post processingが重要なコンペの場合などは単体でカラムにし
てしまうこともあります。NLPコンペだと、NLP関連のモデルの
strideやmax lengthなどのハイパーパラメータなどもカラムに
していたり、画像コンペだとData Augmentationのカラムを追
加したりもします。その他、外部データが使用可能なコンペの場
合、備考欄に外部データのリンクを記載したりします（図6.9）。

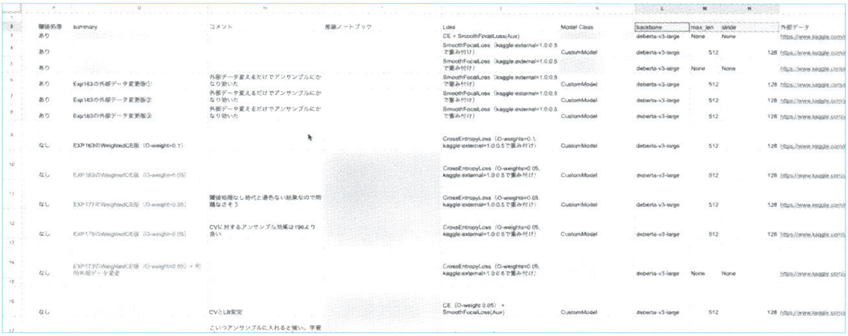

図6.9：Masaya氏の実験管理用スプレッドシート

——**将来的な実験、例えば思いついたもののまだ実行していない実験のアイデアはどのように管理していますか。そのようなものもスプレッドシートに一旦記載していますか。**

Masaya アイデアは自分用の Slack にメモとして投げています。チームを組む時は Notion の TODO リストで管理することもあります。ただ、基本的にはたくさんメモをするというよりも、思いついたら次の実験のコードに起こすことが多いかもしれません。

——**その他、まだ使用されていないものの、気になっているツールや実験管理の方法はありますか。**

Masaya 最近 Hydra を用いた実験管理は気になっており、調査しようと思っています。

自分自身がわかりやすい・振り返りやすい方法を

——**先ほど少し触れていただきましたが、コードの管理についてもお伺いさせて下さい。実験ごとのコードのバージョン管理、ディレクトリ構造やネーミングなどは、どのようにしていますか。**

Masaya 僕は完全に実験ごとにディレクトリを分けて作っています。例えば、ディレクトリの命名規則は「exp008_モデル名_備考」のようにしています。名前だけで実験のイメージがわかる感じですね。そのディレクトリ内で、例えばモデルを変更する場合は、ディレクトリのモデル名およびモデルの呼び出しに関するコードのみを変更し実行しています。

——**実験単位はかなり細かく分けていますか。**

Masaya 例えば、テーブルコンペで特徴量を増やすという場合には、その特徴量追加ごとに全く新しいディレクトリに移って、そこでコードを動かしていますね。他には Git で管理している人もいたり、いろいろなやり方があると思います。Kaggle のコンペは短期間なので、僕は自分が見るだけ、チームメイトが見るだけと割り切って、ディレクトリを別で作ってどんどんアップデートをかけています。短期決戦の勝負では、あまりコードを書くところに時間を

使うべきではない、コードを綺麗にすることに時間を使うべきではないと僕は考えていて、自分自身がわかりやすい実験管理をすることが重要と思っています。

チームの場合は、
基本的に誰が何を実験しているかがわかるように

——次にチームでのコラボレーションについてお伺いさせて下さい。チームでやる時と個人でやる時で実験管理の仕方は異なりますか。

Masaya 自分自身の実験管理は同じですが、チームへの共有の仕方にいくつかパターンがあります。一番簡単な場合だとKaggleのサブミッションのdescriptionにメモ書きとしてCVの結果やどのような工夫をしたかを書くのみ、というケースがありました。一方で、チーム全員でスプレッドシートを共有して、実験名と結果を管理したこともありました。その他、Slackで「このような実験をしてCVはこれくらいでした」という感じでチーム間で共有する場合もあります。コンペの途中でチームマージした際には、まずはNotionでこれまでの取り組みをメモ書きとして共有するか、これまでの自分の実験管理としてのスプレッドシート自体を共有することもあります。最終的に各自の結果をアンサンブルするだけではなく、基本的にはチーム間である程度誰が何を実験しているかを把握・共有しながらやることが多いです。

——**チームにおける実験管理の難しい点はありますか。**

Masaya 手元の評価指標を合わせる点です。例えば最終的にアンサンブルをする時に、チームの中で1人だけリークしていてそのウェイトだけが高くなったけど、実際にはPrivate Leaderboardのスコアは高くなかったという場面もあると思います。チーム全員が共通のCVを用いて、かつ正しく評価をできているかどうかはケアする必要があると思います。

実験管理手法に振り回されないことが重要

——**最後に読者の方にメッセージはありますか。特に本書の想定読者である中級者の方に向けて上級者になっていくために必要なことがあればお教え下さい。**

Masaya　実験管理に関して重要だと思うことは、実験管理手法に振り回されないことです。ツールで混乱するくらいなら、自分がやりやすい方法でやるのが良いと思います。最初のうちにリッチなパイプラインを作ろうとすると、それだけでコストがかかったり、パイプラインが変わった時にそこのテコ入れが面倒だったりします。最初は自分のやりたいような形から、それこそナイーブな形でスプレッドシートに書き込むように、自分のやりやすいような形からやっていくのがいいのではないかと思います。

6.5 Interview
青田 雅輝 / Masaki AOTA
Aota Masaki

プロフィール

- Kaggle Competitions Master
- **URL** https://www.kaggle.com/masakiaota
- メディア会社で研究開発職としてデータ分析に従事。得意な分野は自然言語処理と画像。趣味で生成AIやテクノロジーによる音楽・映像の可能性を模索中。

masakiaota

Masaki AOTA

- Data Scientist, Prototyping Engineer
- Tokyo, Tokyo, Japan
- Joined 7 years ago · last seen in the past day

Competitions Master
2,847 of 204,937

図6.10： Masaki AOTA氏のKaggle Profile

自然言語処理を得意とし、
最近は生成AIや音楽・映像の可能性を模索

—— これまでのキャリアについてお伺いできますか。

Masaki AOTA　新卒からメディア業界で研究開発職に就いています。データ分析や機械学習のPoC（Proof of Concept）に関することを主にやっています。インターン歴も含めたらだいたい4、5年ほどデータ分析の実務に携わってきました。私はデータサイエンティストというよりもMLエンジニアに近いのですが、機械学習やアルゴリズムのプロダクト導入の検証および実際のプロダクトへの導入をしています。必要であれば、バックエンドの実装も行います。もちろん私一人ではできないので、詳しい方と協力しながらやっています。

——もともと大学時代から機械学習やデータ分析の専攻だったのでしょうか。

Masaki AOTA　大学院の時から機械学習やデータ分析に関することを行っていました。自然言語処理に関することも大学院の時からやっていましたが、実装やテクニックについてはKaggleを通して学んだように思います。

——Kaggleなどデータサイエンスコンペのこれまでの実績をお聞かせいただけますか。

Masaki AOTA　Kaggleは、銀メダル1枚と金メダル2枚で、Competitions Masterです。Kaggleを始めてから9ヶ月程度でメダル3枚でMasterに昇格したので比較的早いほうと思っています。あと国内コンペでは優勝経験もあります。基本的に私はチームで参加しているので、これは私一人の力ではなくチームの力ということを補足しておきます。競技プログラミングも少しやっています。ただ、ここ1年半くらいはあまりコンペには参加しておらず、最近は生成AIだったり音楽・映像の可能性を模索しています。直近参加した機械学習コンペは、伴奏のデータをもらってそれに合うようなメロディを生成してMIDIで提出するコンペでした。

——コンペや実務でのデータ分析において得意なデータや分野はありますか。

Masaki AOTA　自然言語処理コンペが得意です。過去3回出場したKaggleコンペはすべて自然言語処理のコンペでした。実務では、画像処理に関することが多いです。総合するとディープラーニングを使うようなデータが得意分野かと思います。

チームで効率的にコンペに取り組むための実験管理

——Kaggleなどのデータ分析コンペにおいて実験管理が重要である点は何だと思いますか。

Masaki AOTA　私は主にチームでコンペに参加するのですが、実験管理をしないとチームのベースとなる実装ができないんですよね。そうするとチームメンバーが同じ実験をやってしまったり、

実装が統一されてなかったりということが起きます。なので、実験管理はチームで取り組む上で効率よく実験を回すのに重要な役割を担っていると思います。ログなどをずっと眺めていると改良に関するアイデアが得られることもあります。あとはKaggleは最後に解法を書いてコミュニティに共有することが多いと思うのですが、実験管理が適切にできていると解法投稿時に参照できて便利ですね。

──**コンペ参加開始時の序盤から綺麗にメモや数値などを整理しているのでしょうか。**

Masaki AOTA　序盤に1回整えるということは意識しています。もちろんチームの外に見せるわけではないので、凝ったスプレッドシートを整理するなどはしないものの、少なくとも自分だけではなくチームメンバーが見てもわかるような状態には整えて、あとは1行ずつ実験するたびに追加すればいいというところまではやっています。

チームにおける実験管理方法の統一や
ツール利用の難しさ

──**チームで行うことでの実験管理の難しさはありますか。**

Masaki AOTA　コンペ途中でメンバーを追加するチームマージの時ですね。チームマージの前は、それまで違うメンバーやチームが別々に実験管理しているじゃないですか。それを統一する必要があります。一番の問題は学習データと検証データをどのように分けたかという、クロスバリデーションの切り方です。切り方を統一しないと5人いれば5通り出来上がってしまいます。そうすると各人の手法ごとの過去実験のスコア比較が正確に行えません。さらにはアンサンブルの時にLocal CVを正確に計測することも不可能になります。もっというとチームマージの時には、実験管理方法自体統一したいと思っています。

——**管理方法とは利用するツール自体の違いでしょうか。**

Masaki AOTA　そうですね、今は割とWandBが主流ですけど、例えば別の人はMLflowを使ったり、また別の人はメモ帳あるいはスプレッドシートに残していたりします。それらを統一して、過去実験の比較を基に新たにチームとして今後の実験を進めるのが難しいですね。

——**チームマージの際は、これまでのベストの実験だけを共有するのではなく、それまで各々が行っていた過去の実験記録をすべて共有していますか。例えばWandBだとすべての実験ログのリンクをシェアするというようなイメージでしょうか。**

Masaki AOTA　そうですね。私がチームマージする時は他のチームの今までの実験すべてを共有してもらっています。過去の実験を含めたすべての実験ログをチームメンバーで揃えておいて、次の改良につながるようにしています。すでに他の誰かが実施済みの実験を重複して行わないようにするため、あるいは今後の改善案を効率的に考えるためには過去の実験の経緯を共有する必要があります。

——**後ほど具体的に実験管理の際に利用しているツールについてお伺いしていきますが、ツールに関する課題はありますか。**

Masaki AOTA　ツールは個人利用だと無料で、チーム利用だと有料のものが多いと思います。そのためコンペ中は課金して多くの実験をするのですが、コンペ終了後にツールを解約することもしばしばあります。するとスコアやログの推移を見ることができなくなって、あとから各実験の良し悪しを示す時に大変困ったことがあります。課金をやめると見られなくするのはやめてほしいですね（笑）。

——**おっしゃる通り、少なくとも有料プランに課金した期間のログは解約後も見れると良いですよね。**

挙動のチェックやアンサンブルでの活用

——**実験管理における成功体験や活用方法について教えて下さい。**

Masaki AOTA　３つあります。１つ目は、ベースラインコードの検証への活用です。初手でベースラインコードを書いた際に、既存コードをベースに自己流のリファクタリングなどをしていると、処理がうまくいっているのかが結構わからないんですよね。なので、実験管理でログをたくさん仕込むと、WandBのグラフに可視化されて、早い段階でバグに気付けるという経験はよくあります。指標としてはtrain/valのlossの推移、あと学習率やGPU使用率を見ると、変な挙動に気付く可能性が高いように感じます。

２つ目は、実験の試行回数が多くなることです。適切な実験管理やツールを用いないと、バグに気付きにくく、やり直しが発生し１回の実験を行うための時間がかかって試行回数が稼げなかったり、そもそも過去の実験との正確な比較が困難で次の実験が立てにくかったりします。一方、自動的にログを可視化してくれるWandBみたいなツールを使うと、意図した動作になっているか確認しやすく１回の実験がスムーズに行えます。

最後に３つ目は、アンサンブル時の活用です。序盤・中盤での実験による改善フェーズだけではなくコンペ終盤でも実験管理は役立ちます。私のチームでは、実験ごとにクロスバリデーションを統一し、各OOFのスコアはスプレッドシートに記載しています。そのおかげでスプレッドシートをデータフレームと見なすことができます。要は行列なので、ある種の最適化問題として解くことで、どの実験をどの程度の重みでアンサンブルするとスコアが伸びそうなのかということを瞬時に出すことができます。一般的なアンサンブルの重み付けは、何度もモデルを呼び出したり、何度も加重平均の値を探索したりと、処理が重いため、終盤を見越して、スコアを整理しておくことが重要です。

──面白いですね。最適化問題として解くためにはどのように実験管理すると良いかが非常に気になりました。

Masaki AOTA　ただ評価指標含め、少し実施するための条件が厳しいという点はあります。詳細は割愛しますが、ある種の最適化問題に属していないと使えないという制約はありますね。

チームメンバー全員の実験管理と個人の実験管理。役割ごとのツール選択

──具体的に実験管理ツールは何を使われていますか。そしてそれらをどのように使い分けていますか。

Masaki AOTA　個人ではWandBを使用していて、チームではNotionとスプレッドシートが中心です。WandBは各実験のログ用、Notionはチームのタスク管理用、スプレッドシートはチームのCV管理用です。Notionだけで完結していない理由は、スプレッドシートのほうが集計やグラフ化などの操作が楽だからですね。また、スプレッドシートだと関数を呼び出すことができますよね。簡単な計算をしたいという時は楽ですね。あとは、CVとLBの相関図のような可視化をよくしますが、それもスプレッドシートがやりやすいですね。

──先ほどWandBも使用されているとお伺いしましたが、例えばWandBなどでもグラフ・レポート機能がありますが、WandBはあくまで個人単位で実験ログを残すために利用されているのでしょうか。

Masaki AOTA　そうです。WandBは課金しないとチームとして使えないんですよね。無料で使おうとすると個人単位になり他人に共有できないんです。ですのでWandBはあくまで個人単位での実験のログを失わないようにすることや、個人単位でlossの振る舞いを見るなどの役割で使用しています。一方スプレッドシートはチーム全員に実験の結果がどうだったかを共有する役割として使い分けています。

気軽にアイデアを出し自動でログが貯まる仕組み

──それではここから具体的な実験管理の詳細についてお聞きできればと思います。実際のフローについてお教えいただけますか。

Masaki AOTA　まずはじめに実験アイデアを考えるフェーズでは、チームメンバー全員がアイデアややることをざっくばらんにNotionのカンバンに書き出します。図6.11のような画面で管理しています。

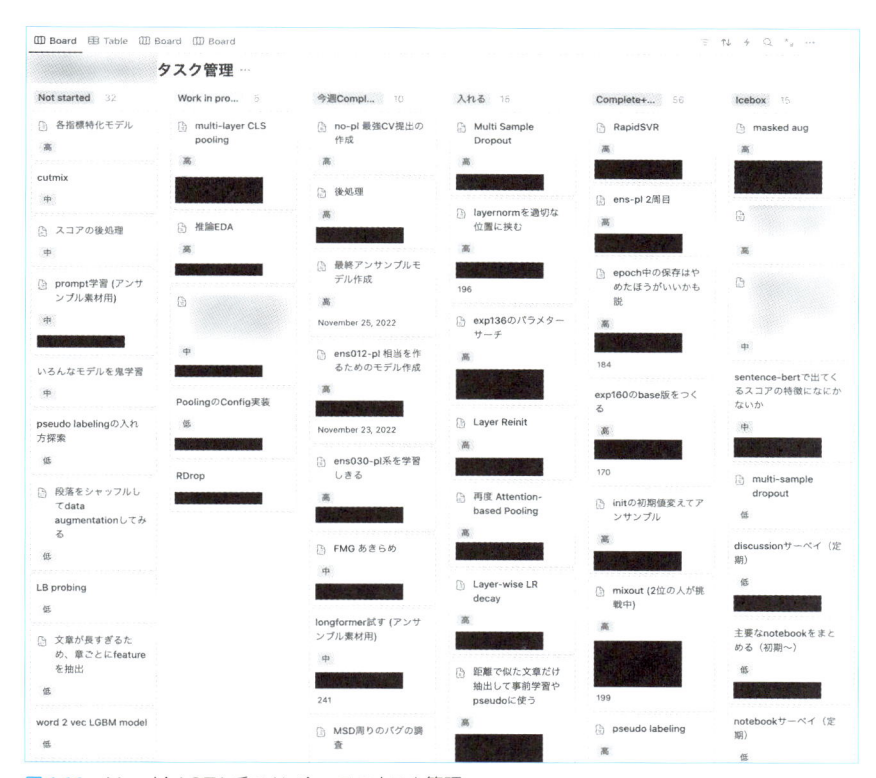

図6.11：Masaki AOTA氏のNotionでのタスク管理

アイデアは「Not Started」列にいっぱい書き出します。だいたいコンペを始める時に、過去の類似コンペを2、3コンペ持ってきて、1位から10位ぐらいまでの解法を全部読んでからアイデア出しをしています。そこから、各メンバーが

「では、私はこれをやります」という感じで実験を開始していきます。そのような取り組まれているタスクは、「Working in progress」列に移します。その後、検証が完了したアイデア、採用するアイデア、不採用のアイデアなどに分け整理していきます。

——**各項目中にもいくつかドキュメントを書いているように見えますが、仮説やメモを記載しているのでしょうか。**

Masaki AOTA 各項目の中身についてはチームメンバーへの共有も兼ねています。私の場合は、タスクごとに「誰々はこういう風に実装していた」みたいなスニペットを貼っていたり、実装中の思考みたいなことをここに残したりしてます。これに関しては人によってやり方があって、別のチームメンバーは日記みたいな感じで、何月何日こういうことをやった、これがダメだった、次こういうことやった、これが効いたみたいに書いている人もいました。

——**細かい話で恐縮ですが、このNotionの記載の粒度について質問させていただきます。例えば後処理のようなものが必要そうだと思ってコンペ序盤に記載し取り組んだとして、中盤以降でまた別の後処理が必要そうだとわかったとします。大きくは既存の取り組みに近いものの、追加の実装等の場合はどのように管理していますか。**

Masaki AOTA 記載の粒度については実はあまり統一していません。それによってメンバーが流動的にアイデアを気軽に吐き出せるというメリットがあります。それが一番実験を大量に回せるコツなんじゃないかと思います。さて、ご質問の「既存の取り組みに近いものの、追加の実装をする時」の実験管理方法として、「exp系統」という情報を導入しています。「exp系統」というのは、ある実験が別のどの実験から派生したものなのかを記憶しておくアンカーのようなものです。これに関しては具体例を見せて説明したほうがわかりやすいので、図6.12を用意しました。

exp番号	日付	Overall CV	CV0	CV1	CV2	CV3 LB Score	CV - LB	author	memo	exp系統
0	022-10-02	0.4541	0.4515	0.4568	0.4608	0.4472　0.4400	-0.0141		(kaggle notebookとスコアが全く同じなので大	
1	022-10-04	0.4539	0.4510	0.4568	0.4608	0.4469　0.4400	-0.0139		deberta-v3-largeに変更(その他細かなコード変更をしただけ)	
2	022-10-06	0.4538	0.4497	0.4572	0.4613	0.4468			学習しきっていような挙動。001の学習率を1.5倍にし、epoch数を5に変更。	1
3	022-10-07	0.4511	0.4556	0.4464	0.4505	0.4513			token_lengthも等しくなるようにCVを変更	
	022-10-05									
	022-10-08									
6	022-10-09								003 + base TAWPのパラメタ探索	3
7	022-10-09	0.4512	0.4567	0.4463	0.4500	0.4513			003でtoken_lengthに加えてunique_wordも等しくなるようにCVを変更	3
9	022-10-10	0.4520	0.4558	0.4482	0.4500	0.4533			003 + L1smoothLossのbetaをとりあえず半分(0.5)にしてみる。	3
10	022-10-10	0.4514	0.4560	0.4473	0.4505	0.4515			003 - token_length + token_length/n_unique_stem	3
11	022-10-10	0.4513	0.4560	0.4465	0.4501	0.4520			003 + token_length/n_unique_stem	3

図6.12：Masaki AOTA氏の実験管理用スプレッドシート

左から説明すると、exp番号と実験日、総合的なCV、OOFごとのCV、あとはLBのスコアとの差分なども書いてますね。重要な項目が「memo」と「exp系統」です。ここの「exp系統」にはどの「exp番号」の実験をコピペして改変したかを表す番号が書いてあります。つまり、ある実験と、exp系統の実験は、対照実験になっているというわけですね。「memo」に記載の取り組みと併せて、元の実験と比較して、どういった要素や改変が効果的だったのかがわかるようになっています。コンペ終盤で、いわゆる最強シングルモデルを作る時には対照実験で書いてあるテクニックをすべて入れて作っています。ちなみに、exp系統はアンサンブルのためにモデルの多様性を考える際にも活用できます。異なる処理工夫を施してきた実験のアンサンブルはやはりスコアが伸びやすいです（笑）。

──WandBでのログの記録について注意されていることはありますか。

Masaki AOTA　lossや評価指標は複数記載するようにしています。loss1つとっても、どのlossがいいのかはわからない時があります。例えば、分類問題ではlog loss、絶対値誤差や二乗誤差など候補はいくつもあります。ログを付ける時には多くのlossを計算し記録を付けています。実際に学習しているlossに関わらず、このloss使えそうかもと思ったlossは残しておくというのをお勧めします。もちろん計算量が重すぎたら考えどころというか、学習が遅くなってしまうので廃止することもあるのですが、あまり計算量がかからなければ残しておいて、実際に実験が終わったあとに観察します。どの

loss が local CV と相関があるのかを調べ、タスクに合っていそうな loss を選択することが多いです。

──お教えいただいたような実験ごとのログを取得するにあたり、どのように入出力を管理しているのでしょうか。どのようなフォルダ構成になっていますか。

Masaki AOTA　図6.13 でご説明します。図の真ん中にある白い四角が実験用のスクリプトで処理する内容だと思って下さい。入力するデータが左のほうに書いてあります。データを持ってきたら「学習パート」と書いてある箇所で WandB にログを送っているイメージです。モデルの管理は、1回計算機に OOF やモデル、あとログなどを書き出して、それを Google Cloud Storage にアップロードしています。実験用のスクリプトを回すと、最初から最後までこれらのログの記録処理がすべて自動で回るようになっています。最終的な予測結果はスプレッドシートに記録しています。

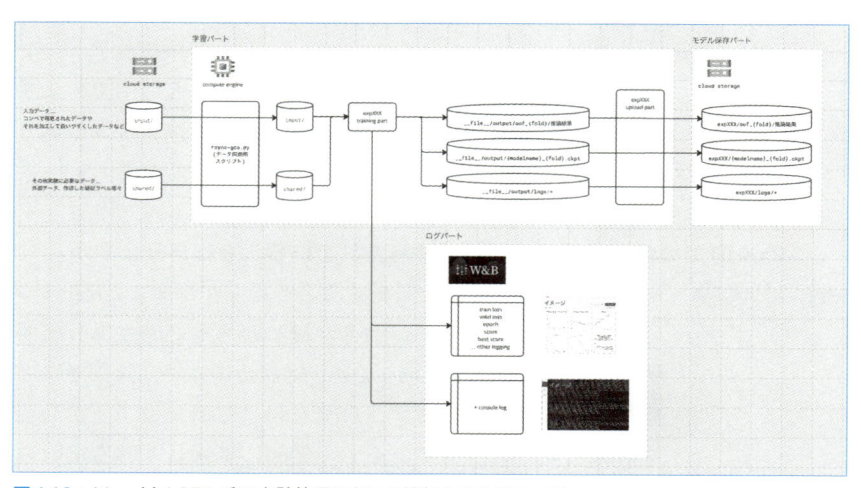

図6.13：Masaki AOTA 氏の実験管理における情報入出力フロー図

隔週のミーティングとSlackでのサブ管理

──チームメンバーでのコミュニケーションについてお伺いさせて下さい。Notionに実験を記載したあと、取り組むものの優先度は個々人で判断しているのでしょうか。

Masaki AOTA　チームで話し合うことが多いです。「高」、「中」、「低」で重要度を記載しています。チームで取り組む際には週1か隔週で、1回30分から1時間のミーティングをすることが多くて、その時に優先度や今週誰が何をやるかを決めています。

──隔週でのミーティング以外でその他コミュニケーションツールは使用していますか。

Masaki AOTA　Slackを主に使用しています。チャンネルはあまり分けずに運用しています。ただし、サブミットに関してだけは、チャンネルを分けています。Kaggleではサブミット数に制限があるので、サブミットする際はそのチャンネルで報告するような運用をすることが多いです。特に終盤にミスると取り返せないので、それだけは慎重にやっていますね。

実験管理を用いたコンペの振り返り

──最後に読者の方にメッセージはありますか。特に本書の想定読者である中級者の方に向けて上級者になっていくために必要なことがあればお伝え下さい。

Masaki AOTA　実験管理をしたことがある経験者と実践的に学ぶことをお勧めします。1つのコンペを経験者と並走しながらやり切ると、実験管理だけではなく、コンペの、コードの書き方、アイデアの考え方、取り組み方など総合的な力がつきます。その中で実験管理がどのような役割で何が必要なのかということを意識できるようになると強くなると思います。

あとはコンペ終了後の振り返りをお勧めします。私のチームでは、コンペ終了後にチームでLBを眺める会を開催していて、あれが良かったとか、あれはやらかしたとか、話し

合っています。実験管理ができていると、上位解法を見ながらの振り返りの時に「これは自分たちも思いついて、Notionの実験候補には入れていたのに」ということが明確になります。やったら良さそうだけど実装が大変なことを後回しにしたが、上位陣はそれをやり切っていたということがよくあります。また、自分たちがうまくいかなかったアイデアが上位陣ではうまくいっている、みたいなこともあります。上位解法で述べられている手札は自分たちの手元にもあったものの実装で差がついたのか、それとも自分たちが思いつかなかったところで差が出たのかの整理は振り返りで重要なように思います。

Interview
6.6 村田 秀樹 / カレーちゃん
Murata Hideki

プロフィール

- Kaggle Competitions Grandmaster
- URL https://www.kaggle.com/currypurin
- 広告会社で研究開発職としてデジタル広告の効果予測や生成AI活用に従事。書籍執筆やセミナー登壇など幅広く活躍中。

図6.14：カレーちゃん氏のKaggle Profile

専業Kagglerを経てデジタル広告における効果予測や生成AI活用に従事

──現在のお仕事についてお伺いさせて下さい。

カレーちゃん　広告会社で研究開発をしています。主にデジタル広告の効果予測、バナー広告やテキスト広告への生成AI活用などに取り組んでいます。クライアントと向き合って業務推進をしていくというよりも、研究開発の成果を社内の部署にフィードバックする立場になります。

──データサイエンスに取り組まれたきっかけについて教えて下さい。大学の専門もデータサイエンスだったのでしょうか。

カレーちゃん　大学では数学を専攻しており、そこから一時期公務員になりました。在職中にデータサイエンスに興味を持ち、独学で勉強して専業Kagglerとしてデータサイエンティストになりました。その後、フリーランスで働いたのち現在の会社に就職しました。

225

効率的に取り組むために実験は可能な限り自動化

──**Kaggleに取り組む際の実験管理について心がけていることはありますか。**

カレーちゃん　効率的に取り組むためにできるだけ自動化することです。WandBはGBDTでもNNでも、学習環境や結果が整理できるので楽ですね。それ以外にKaggle APIを活用してサブミットに関連する作業や実行時間の計測も自動化するようにしています。

──**実行時間の計測についてより詳細に教えていただけますか。**

カレーちゃん　KaggleはCodeコンペの場合、サブミットの推論実行時間が9時間などに制限されています。ですのでサブミットした際に、どのような処理でどの程度の推論時間がかかったかは実験管理するべき項目の1つになります。僕はサブミットの推論が完了するとDiscordにLeaderboard上のスコアと実行時間が自動で来るように仕組み化しています。すると実行可能な処理について考察したり、アンサンブルが重要なコンペではどの程度モデルを追加できるか検討したりすることができます。またこのような処理を自動化する前はスプレッドシートに手動で記入していましたが、今はその時間を別のことに使うことができます。必要なことはなるべく自動で記録していくと楽だと思います。

自分が気になる情報を見逃さないように 自動で通知が来る仕組みを構築

──**今、Discordのお話がありましたので、普段Kaggleを行う時に使用されているツールについてお伺いできますでしょうか。**

カレーちゃん　WandBと、スプレッドシート、Discord、あとはNotionを主に使用しています。

──**それぞれのツールについて詳細な使用方法についてお伺いさせて下さい。まずNotionですが、実験アイデアや思いついたことのメモなどに**

使用されているのでしょうか。

カレーちゃん そうですね。Notionのチームでの使い方としては、メンバーそれぞれのページ、例えば「カレーちゃんのページ」などを作成し、各自がやったことを時系列で上から羅列して書いていくスタイルです。フォーマットは各自で自由にしつつ、自分だけではなく、チームメンバーの取り組みの推移も見れますし、前回チームマージした際は週1回くらいの頻度で定例ミーティングをやったのですがそのページに記載したものを基にメンバーに共有していました（図6.15）。

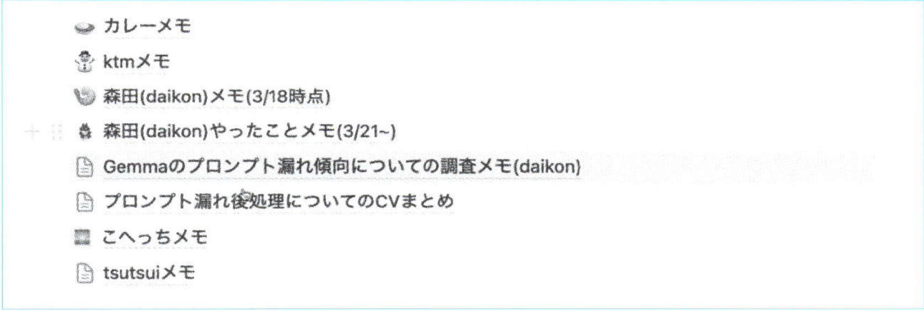

- 🍛 カレーメモ
- ⚓ ktmメモ
- 🐢 森田(daikon)メモ(3/18時点)
- 🐢 森田(daikon)やったことメモ(3/21~)
- 📄 Gemmaのプロンプト漏れ傾向についての調査メモ(daikon)
- 📄 プロンプト漏れ後処理についてのCVまとめ
- 📋 こへっちメモ
- 📄 tsutsuiメモ

図6.15：カレーちゃん氏のNotionにおけるメンバー個別ページ一覧

──**Notionの時系列の記載事項は、その他のスプレッドシートやWandB などの実験などとリンクしているのでしょうか。**

カレーちゃん すべてがリンクしているわけではないですね。Notionに記載することは粒度が違うので。でも記載事項によってはWandBやKaggle Notebookのリンク、GitHubのコードへのリンクなどを張ることもあります。記載事項の粒度は「lossを変更した」「特徴量を追加した」のようなことに対して、うまくいったのか・いかなかったのか、といったことを記載しています。

──**次にWandBについてお伺いさせて下さい。基本的にはlossの推移を見ることが多いでしょうか。**

カレーちゃん そうですね。train/validのlossの推移の記録と、コメントとしてどのようなことをやったかを記載しています。あとは特

徴量をグルーピングして「この特徴量のグループを入れた
ら」ということがわかるようにしています。その他、実験ご
とにタグを付けています。例えば「10epoch」や「5fold」
など学習の設定やモデルのbackboneなど特に比較したい
ものを入れておくことで、あとで一覧として見やすいように
しています。見返す時は特定のタグでフィルタリングするこ
ともあります。その他詳細なモデルのパラメータなどを記録
するようにしています。

**──次にDiscordについてお聞きします。Discordはチームとのコミュニ
ケーションの他、サブミットの記録のために使用しているのでしょうか。**

カレーちゃん 参加中のコンペのNotebookやDiscussionに新しい投稿が
されたら通知が来るようにしています。それぞれの投稿につ
いて更新があったら通知が来るようにしているし、upvote
の数も取れるんですよ。Discussionに新しい投稿があった際
に全部Gmailでメールが来るようにしていまして、Gmailか
らGoogle Apps Script（GAS）で定期的に抽出してDiscord
に送信しています（図6.16）。

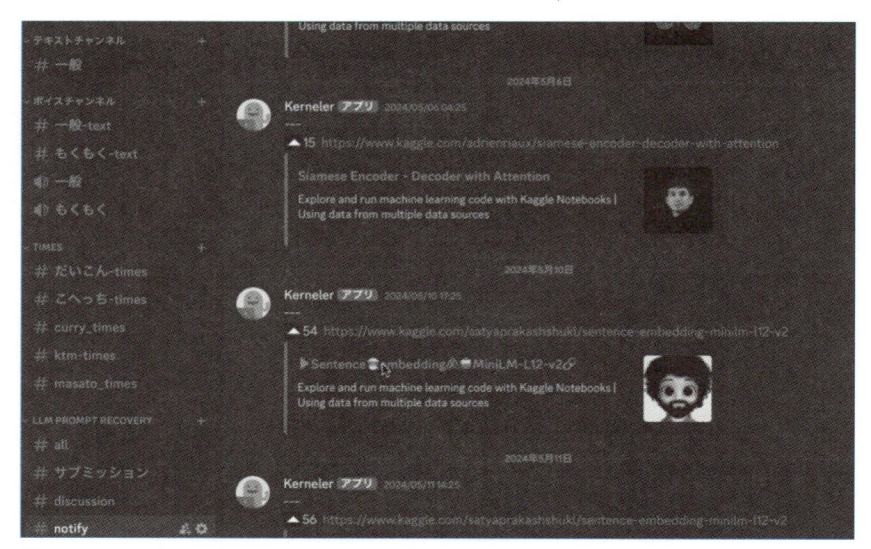

図6.16：カレーちゃん氏によるDiscordへの通知の仕組み

──ちなみにこのようにして取得された情報をどの程度読みますか。

カレーちゃん　ほとんど読まないです。趣味ですね。でも見逃したくない情報もありますよね。自分が読みたいトピックはタイトルを見ればだいたいわかるので。例えば「サブミットでエラーが出ます」という投稿は自分には関係ありません。自分が求めている情報が投稿された時にすぐチェックできるようにということですね。その投稿の中でチームに共有しておくべきものがあればリンクを共有するようにしています。

──どのように今のような仕組みを作っていったのでしょうか。

カレーちゃん　Kaggle を始めたばかりの時はどのように取り組めばいいかわからず、いろんな人に話を聞きに行っていました。自分で勉強会や反省会を主催して、他の人のやり方を聞きました。

チームメンバーには些細なアイデアも共有、そこから発展することも

──チームでの実験管理についてもお伺いできればと思います。個人での実験管理と異なり、チームでの実験管理で気を付けていることはありますか。

カレーちゃん　実験管理という点だと、特に変わらないですね。loss やスコアは数字があれば共有できますので。ただ Discord でのチャットは、ふと思いついたこと、当たるかどうかわからないことをひたすらつぶやいています。「みんなどう思う？」ということから、アイデアが発展することもありますので。

──チームで取り組む際には役割分担は決めていますか。

カレーちゃん　コンペによっては決めています。チームメンバーみんなで強い1つのモデルを作る場合は機能ごとに分けています。でも多いのはそれぞれが作ったモデルをアンサンブルするパターンだと思います。その際でもメンバーで処理やデータセットなどは都度共有しています。

生成AIを活用したドメイン知識の深掘りや、過去コンペからのアイデア出し

──その他、何かKaggleをする際に工夫されていることなどはありますか。例えば生成AIなどは活用されていますでしょうか。

カレーちゃん　現状、ChatGPTなどに「このコンペのアイデアを出して下さい」と聞いても他の人に差をつけられるアイデアは出てこないですよね。そうではなく、コンペのドメイン知識やメトリックなどの一般的なことであれば良い回答が返ってくるので、いつも使っています。また最近はコードもうまく書いてくれるようになってきたので、「このコードを、〇〇するように修正して」のようなプロンプトでコードを書かせることも増えました。

その他、関連する過去のコンペを参照することは大いにあります。コンペによっては過去の類似コンペの上位解法がベースになるので、それを参照します。また、自分が過去に書いたコードを参考にしたり、「他の人が公開していたNotebookの情報が役に立ちそうだ」と参照したりします。長くコンペへの参加を続けているとそういう知識や経験は身に付きますね。

6.7 Interview 中真人 / chumajin
Naka Masato

プロフィール
- Kaggle Competitions Grandmaster / Kaggle Notebooks Grandmaster
- URL https://www.kaggle.com/chumajin
- メーカーに入社以来、モノづくりの現場で欠陥検査関連業務をしていたが、会社のデータサイエンスグループの立ち上げに伴いKaggleを始め現在は機械学習を用いた工場内の自動化などに従事。

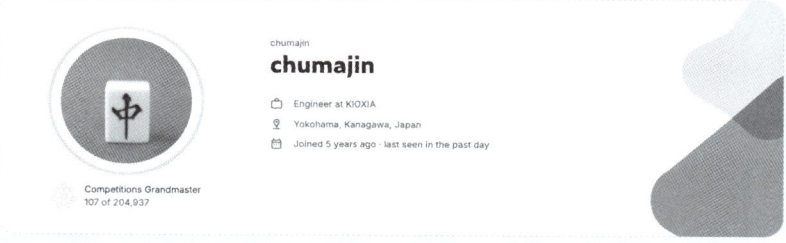

図6.17：chumajin氏のKaggle Profile

独学でKaggleを始め、社内でデータサイエンスグループを立ち上げ、Kaggle Grandmasterへ

—— これまでのキャリアについてお伺いできますか。

chumajin 半導体を扱っている企業で働いています。以前は工場の現場に入って、工場で使用する装置の選定や、装置メーカーと開発などをしていました。その後、社内の別プロジェクトで、会社の中でデータサイエンティストを育てていくという目的の下、Kaggleサークルを作りました。そして、そのKaggleでの経験を活かして、社内でデータサイエンスグループを立ち上げ、実務にデータサイエンスを応用しました。今は、機械学習を用いて工場内の良品率向上や検査、自動化などを行う仕事をしています。

—— データサイエンスグループの立ち上げの際に、Kaggleを通してプログラミングや機械学習を独学で学ばれたのでしょうか。

chumajin はい。本当にその通りです。

——**Kaggle の現在の実績について改めてお伺いできますでしょうか。**

chumajin 現在はKaggle Competitions Grandmaster と Kaggle Notebooks Grandmaster です。金メダルを獲得しているのはNLP（自然言語処理）コンペが多いですね。ただ、NLP がバックグラウンドにあったということではなく、基本的には、NLP コンペに参加して負けて、学んだことを次のNLP コンペに活かして、ということを繰り返すことで獲得できたと思います。一方で自分の目標として、自然言語処理に特化したいわけではなくテーブルデータや画像データ含め全般的にできるようになりたいと思っていますので、様々なコンペに参加しています。

重要なことはコードを整理整頓し効率を上げることと、全体の実験の流れから考察すること

——**実験管理についてお考えのことをお聞かせ下さい。またKaggle と仕事で実験管理の面でどのような違いがあるかお聞きできればと思います。**

chumajin Kaggle のたいていのコンペでは、決められたデータセットで、機械学習モデルを作成し、推論するフェーズで終わることが多く、新たなデータセットを用いて、モデルを更新することはあまりありません。そのため過去の実験に対してどのように精度が推移していったのかということが実験管理として重要になります。一方、仕事の場合は機械学習モデルを作成するフェーズだけでなく、精度を保つためあるタイミングでモデルを更新する必要があります。そのため仕事ではデータ収集・モデルの再学習・精度の推移のモニタリングも実験管理として重要になります。実験管理という言葉では収まらないかもしれませんが。私の場合、仕事と Kaggle が一番似ているフェーズは機械学習モデルの作成フェーズだと思います。

——**機械学習モデルを作成するフェーズで重要なことは何でしょうか。**

chumajin 重要なのは効率と考察ですね。特にコンペの場合、限られた期間内で多くの時間を費やすことになると思いますが、同じ時間を費やすにしても効率が良いほうが高い成果が出ます。例えば、前

に書いたコードがどこにあるか探すということに結構時間を割いてしまうと思いますが、そこを瞬時にできると良いと思います。掃除と一緒で、コードを整理整頓し、コンペが終わったら、ひな型として整理し、タスクごとに分類して整頓しておく、どこの場所にどのコードがあるかということを常に把握しておく、そこに気を付けています。この点が最初のほうは全然できていなかったですね。

考察に関して言うと、実験自体は1個1個行いますが、全体の実験の流れがあると思います。ですので、1個の実験だけではなくて、例えば100個の実験で見た時にどのような推移をしているかということは重要だと思っています。例えばCVとLBの関係を常にプロットし、そこから大きく外れた実験はリークを疑うということはあります。また、あの時の実験結果はこうだったのに今回の実験はこのような結果となるのはなぜだろうと考察することが新しい実験アイデアを生み出す機会になることもあります。

—— **実験結果からの考察について、もう少しお伺いさせて下さい。実験がうまくいかなかった時に、どのように次の実験につなげていますか。**

chumajin　おそらく効果があるはずだと思ったアプローチで精度が上がらない場合、アプローチ自体は正しくても実装や最後の詰めで差がつくことはよくあります。ハイパーパラメータ含めていろいろ実験するようにしています。

—— **現在の実験管理方法は後ほど伺わせていただくとして、過去どのように取り組まれていたか、その時の失敗談などありますでしょうか。**

chumajin　Kaggleに関して言うと、昔、初心者の時はKaggle上だけで取り組んでいました。さらにコードを管理するという意識もなかったため、あの時に書いたコードはどこにあったかと探したり、LightGBMのコードを毎回1から書き直したりということをやっている時期がありました。正直、時間の無駄でした。

CV/LB のプロットから
コンペのデータの裏にある要因まで想像する

── 次にうまくいった例についてお聞きできますでしょうか。実験管理から仮説の考察につながった例があれば教えて下さい。

chumajin 私が過去参加したことがあるコンペのCV/LBの関係を例にしてお話しします。もともとこのコンペではEfficientNetなどのCNN系のモデルを使っていたものの、最終的にはやはりTransformer系のモデルと混ぜたら強いと思っていたんですね。過去のコンペで、Transformerの中でもSegFormerというモデルが強いということがあり、そのモデルを試してみたところ、CVはすごく良くてテンションが上がったのですが、サブミットすると非常にLBが低くなりました。そのため、第1ステップとして、これは実際に使えるかどうかはわかりませんでした。

次に、第2ステップとして、CVとLBのこれまでの推移から考察しました。従来のCNNなどでのCV/LBと新しく試したSegFormerのCV/LBをプロットしてみたところ、SegFormerのみだとこれまでの傾向から外れており、この時点でも、実際に使えるかどうかは半信半疑でした。最後に、第3ステップとして、CNN系のモデルとSegFormerのアンサンブルをしてプロットした時、従来の実験と同じCV/LBの延長線上に乗りました。よってアンサンブルとしてなら使えると考えました（**図6.18**）。

もしCV/LBの関係を管理してモニタリングしていなかったとしたら、LBの低いモデルを採用することはなかったと思いますし、アンサンブルしようとすら思わなかったかもしれません。

また、このような現象がなぜ起こるのかと考える必要がありました。このコンペはセグメン

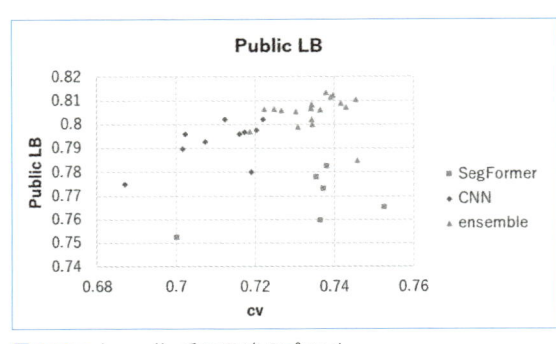

図6.18：chumajin氏のCV/LBプロット

テーションのコンペだったのですが、重要な箇所がノイズに埋もれていたものの、アンサンブルすると必要なところのみがくっきり綺麗に浮かび上がり、SegFormerがきちんと機能したのではないかと思いました。このように、CV/LBなどのプロットからコンペのデータの裏にある要因まで想像できるという意味で、実験管理は重要だと思います。

様々な形式のログを残せて検索性も高いツールを利用

──**具体的に実験管理で使用されているツールについてもお伺いできますか。**

chumajin　初心者の頃に、WandB、MLflowなどを触りましたが、メインで使用していたGoogle Colabだけでなく、outputを外部に出力してはいけない実験環境を用いることもあり、Kaggleを行う時は、整合性を取ることが難しくなりました。そのため、今は、Kaggleをやる時は、シンプルにOneNoteとExcelがメインです（仕事での統一された環境下ではMLflowも使っています）。この2つでTODO管理、アイデア管理、CV/LB管理などすべてを行っています。OneNoteでは（図6.19）、タブごとにコンペの概要、ネタやアイデア、TODO、実験などをそれぞれ分けて記載しています。ネタは例えば重要そうなNotebookやDiscussionなどをメモしています。実験には各実験番号とその実験へのリンクを併記しています。当時はGoogle Colabがメインだったため、コードのURLのリンクを張っておき、ワンクリックでコードに飛べるようにしていました。その他、様々なプロットなどを貼り付けています。文字情報だけではなく、図やグラフも自分で思ったように貼れるという点が気に入っています。また、WandBやMLflowは自動でデータ収集をしてくれる便利なツールではありますが、マニュアルで結果を貼ったりすることで、結果に関する意識が少し深くなっていたような気もしています。可視化すると記憶にも残りますし。あとはOneNote内で検索できるため、検索した時に現在取り組み中のコンペだけではなく、過去コンペも引っかかって検索結果に出てきます。

すると、そういえばこの時このようなアプローチをしていたなという気付きが得られたりします。

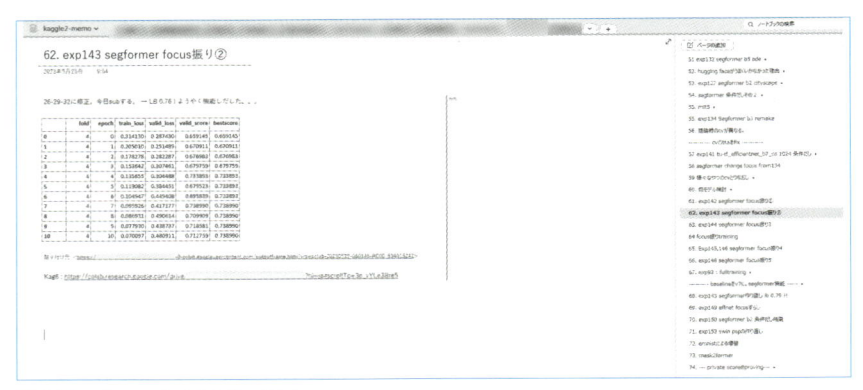

図6.19：chumajin氏のOneNote

——確かにコンペをまたいで実験や考察を参照できるのは良いですね。

chumajin その他、OneNoteの各メモを階層化できる点も頭の中で整理しやすいためよく使います。

——では次にExcelの実験管理での使い方についてお教えいただけますでしょうか。

chumajin 基本的には実験ごとのログを残しています。例えばある実験について、基となった実験番号、何を変えたのか、モデルの情報、CV/LB、それからKaggle上でのsubmitした際の推論時間などを記録しています（図6.20）。それからコードの場所などのリンクも記載しています。

大本-exp	model	pixel size	kfold	model	frag1	frag2	frag3	all	lb
177	efficientnetv2_l_in21ft1k	480	7	cnn	0.719576	0.676208	0.726699	0.707494	0.79272
93	efficientnet_b7_ns	608	7	cnn	0.729107	0.687808	0.712299	0.802127
129	efficientnet_b6_ns	544	7	cnn	0.719938	0.671352	0.715576	0.702789	0.796026
100	mobilevitv2_200_384_in22ft1k	384	7	cnn	0.681251	0.663248	0.716393	0.686964	0.775031
171	efficientnetv2_xl_in21ft1k	512	7	cnn	0.73518	0.694977	0.726796	0.718984	0.780108
208	tf_efficientnet_b8	672	7	cnn	0.725621	0.679321	0.743198	0.716047	0.795883
206	efficientnet_b5_ns	480	7	cnn	0.707549	0.675309	0.7218	0.701553	0.789801
213	efficientnet_b7_ns	608	10	cnn	0.744278	0.703035	0.718442	0.721918	0.802125
215	efficientnetv2_l_in21ft1k	480	10	cnn	0.708587	0.72104	0.722221	0.717283	0.796814
218	efficientnet_b6_ns	544	10	cnn	0.74036	0.712643	0.707917	0.720307	0.797519
150	segformer b2	1024	7	trans	0.742344	0.702152	0.761589	0.735362	0.777963
143	segformer b3	1024	7	trans	0.739851	0.694644	0.779742	0.738079	0.782572

図6.20：chumajin氏のExcelでのCV/LB管理

——例えばCVの切り方を途中で変えた場合はどのようにしていますか。

chumajin　頻繁にCVを変えることはありませんが、シートを分けて管理しています。例えば3foldから5foldに変えたり、別のアプローチをしたりした時は変えています。

コードはKaggle上でも管理、過去のコンペのコードを頻繁に参照

——次にコードの管理についてお伺いさせて下さい。Kaggleをされる時はpyファイルで実験されていますか。ipynbファイルですか。

chumajin　基本は、訓練コードではipynbファイルを用いています。ただし、コンペによっては、メモリをきちんと管理するため、Kaggle上での推論はpyファイルに変換したものを用いて、ipynbファイルと組み合わせてコードをシンプルにして、アンサンブルすることが最近は多いです。その訓練コードでのipynbファイルが実験番号で、先ほどの実験管理に紐づいています。あとは、Kaggle上でもコードを整理しています。最近、Kaggle上でコードをグループ分けできる機能ができたので活用しています。自分のアイコンをクリックしてYour Workの中で、"Collections"として、コンペごとのコードをまとめて見ることができるようになっています。コンペごと以外にも、自分でフォルダを作成することができ、自分がよく利用するコードなどのテンプレートをまとめておくことができたりします。その中には、例えば、テーブルデータが与えられたら、ひとまずその中のコードを用いれば一旦baselineができるようなコードなどを整理して置いています。さらには、画像やNLPに関しても自分のコードの型があって、まずはそれを用いれば良いというようにしています。

——コンペに取り組む際に過去のコンペはよく参照されますか。

chumajin　はい。自分自身が過去のコンペでどのようなコードを書いたかはもちろん、他の人が過去のコンペでどのようなアプローチをとっていたかも参照します。ですので過去のコンペで使用したコードを抜いてくることはよくやります。他の人が過去のコン

ぺで、こういうことをやっていたなということを、順位まで覚えていることもあるので、過去コンペのDiscussionに飛んで参考にすることはよくあります。

──**実験ごとにフォルダはどのように管理されていますか。**

chumajin まずコンペのフォルダを作成したあと、その下に「exp001」という実験フォルダができます。その「exp001」の配下に「code」というフォルダができて、その中に実行前と実行後のコード両方を自動的に保存するような仕組みを構築しています。あとは実験ごとのモデルの重みやCV計算するためのOOFのcsvファイルあるいはparquetファイルなども保存しています。

──**ところでコーディングで生成AIなどは活用されていますか。**

chumajin メトリックのコードの実装や、あとはWebアプリの実装、最近であればGradioなどの実装で、やりたいことをChatGPTに投げてコードを聞いています。それから触ったことのないライブラリの使い方を聞くこともあります。その他、環境構築に関して聞くこともあります。また、最近はGoogle Colabでは、Geminiが予測して書いている途中に、勝手にコードを作ってくれることもあるので、それを確認だけするということもありますね。

チームで取り組む際はOOFを共有、コードは必要な箇所を

──**チームで取り組む時の実験管理で気を付けていることはありますか。**

chumajin SingleモデルのOOFのcsvファイルや、Submissionのcsvファイルの名前の付け方のルール作りをして、各自の結果を都度記録していくスプレッドシートの作成と、GoogleドライブやKaggle上で結果を共有するということはこれまでどのチームでもやっていました。

——**コードはどのように共有されていますか。**

chumajin baselineのipynbファイルをお互い共有する程度です。必要なところのみを切り抜いて共有するだけのことも多いです。チームメンバー各自はGitHubでコードを管理することもあります。ただ、全員のコードをGitHubで統一して管理することにトライしたこともありましたが、うまくまとまりませんでした。

——**ちなみにチームマージではどのようなことを重視されていますか。どのような方とチームマージをすることが多いですか。**

chumajin 知り合い・国籍問わず様々なKagglerとチームマージしてきました。Kaggleではコンペ終了1ヶ月前くらいからチームマージを検討することが多いです。チームマージを検討する場合は、基本Kaggleのプロフィールを見ます。過去にどのようなコンペに参加していたか、ソロでの実績、あとは今回のコンペでどれくらいサブしているかを見ています。

とにかく経験値を増やして管理の重要性を意識すること。経験値が上がると自分に相性の良い方法も変わる

——**最後に初学者/中級者のデータサイエンティストの方、Kaggleでメダルを目指す方へのアドバイスはありますでしょうか。**

chumajin 私自身、情報系の出身ではないので、手探りで独学ですが、実験管理はコンペでも仕事でも重要だと思います。これは自身が実験管理をするだけではなく、再現性はもちろん取った上で、これをやったら改善したなどを他の人に図などを用いてプレゼンして理解してもらうという意味でも重要です。基本的には、とにかくコンペに参加して経験値を増やすことも重要です。その上でコンペの取り組み方を整理すると良いと思います。コンペでの自身の実験を経験しながら、このコードをもっと整理したい、実験ごとに比較したいという気持ちが芽生えて、管理するための自分なりの方法、型の必要性を実感すると思いますので。慣れないうちは、様々なツールを触ってみるのが良いと思います。また実験管理のやり方や使用するツールは、私の場合、自分が使って

いる環境が変わったり、自分の経験値が上がってきたりすると相性の良いものが変わってきたように思います。また、コンペでチームマージして、他の人がどのように実験管理を行っているかもとても参考になります。それを観察して、自分にとって最も使いやすいものを選ぶのが良いと思います。

──モチベーションやメンタル面でのアドバイスはありますか。

chumajin　どんなコンペでもまずはやってみるのが、重要だと思います。モチベーションは、データを触ってみたり、サブミットをして、LBをかけ上がったりしていくうちに上がっていきます。まずは、"やる"という0から1をすることが最もエネルギーがいることだし、重要だと思います。"やる"ということすらできない場合は、自分へのルール化でまかないます。例えば、コンペが始まるということをトリガーにデータを触ってみるというルールにすると、必ず"やる"ことができます。上述したコンペはとりあえずやってみたら、気付きを得て、金メダルが獲れました。やらないとわからないし、金メダルは取れなかったですね。また、メンタルに関しては、コンペをやっていれば必ず少なからずぶれるものだと思います（慣れるとぶれは少なくなる）。これに関しては、解になっているかわかりませんが、私の中で重要だと思っているのは、"習慣化の力"です。例えば、毎日5サブするという習慣（縛り）を入れていた時もありました。それは「毎日5個実験アイデアを出す」という自分自身への縛りで、どんなメンタルの状態でもそうしていました。そうすることで、順位は着実に上がっていきました。ただ、その間も、他の人の順位が上がったとか、自分たちの順位が下がったとか、結局メンタルはぶれています。つまり、メンタルはぶれるもの、それは自然なことなのかなと思ってきました。メンタルはぶれてもいいが、やるべきことは習慣化の力で結果を出す、出そうとすることが重要。もしかしたら、メンタルがぶれてやめてしまうのが、ダメなパターンなのかもしれません（モチベーション維持のため、戦略的に一時抜けるなどはあり）。以上をまとめると、とりあえずコンペに触れてやってみて、モチベーションを上げる。メンタルがぶれてもそう

いうものだと捉えて習慣化の力で継続して結果を出していく。これは、当たり前のことですが、意外と難しく、大事なことの1つなのだと思います。

6.8 村上 直輝 / kami

Murakami Naoki

プロフィール
- Kaggle Competitions Grandmaster
- `URL` https://www.kaggle.com/kami634
- 学生時代に起業し委託でのデータ分析・開発業務を受ける。現在は某企業にて推薦システムの開発に従事。これまでKaggleはじめ様々なデータ分析コンペで多数の優勝経験あり。

kami634

kami

AI Engineer at DeNA

Tokyo, Tokyo, Japan

Joined 6 years ago · last seen 2 days ago

Competitions Grandmaster
42 of 205,301

図 6.21：kami 氏の Kaggle Profile

学生時代からデータ分析を業務委託で受注し、これまでに多数のデータ分析コンペ優勝経験あり。Kaggle を続ける理由は技術研鑽と他では味わえない脳内物質の放出

—— **これまでのキャリアについてお伺いできますか。**

kami 学部時代にアルゴリズム系の研究室にいて、大規模グラフに関するアルゴリズムなどに取り組み、大学院になってからはグラフニューラルネットワークを大規模グラフに対して適用する研究をしていました。それと並行して研究以外に競技プログラミングをやっていて、AtCoder で青コーダーぐらいまでやっていたのですが、その後ちょっと違うことをしたいと思い Kaggle を学部4年の冬ぐらいに始めました。"BirdCLEF 2021 - Birdcall Identification"（`URL` https://www.kaggle.com/competitions/birdclef-2021）というコンペで優勝し、この受賞をきっかけにして学生時代に仕事を業務委託で受けていました。その流れで途中で起業しまして、アルバイトを雇いつつ受託開発やコンサルティングなどをやっていました。その後、もっと技

術研鑽したいと思い、Kagglerが多く自社開発をしている企業で経験を積むため、今の会社に新卒で入社しました。現在は推薦システムの開発などに従事しています。

―― **これまでのKaggleや他のデータサイエンスコンペでの実績についてお聞かせ下さい。**

kami 現在5つの金メダルを獲得しています。初めての金メダルが先ほどの通称・鳥コンペでチームで優勝したあと、"Kaggle - LLM Science Exam"（ URL https://www.kaggle.com/competitions/kaggle-llm-science-exam）でソロ金、その他"Child Mind Institute - Detect Sleep States"（ URL https://www.kaggle.com/competitions/child-mind-institute-detect-sleep-states）でチーム優勝、"LEAP - Atmospheric Physics using AI (ClimSim)"（ URL https://www.kaggle.com/competitions/leap-atmospheric-physics-ai-climsim）、"Eedi - Mining Misconceptions in Mathematics"（ URL https://www.kaggle.com/competitions/eedi-mining-misconceptions-in-mathematics）で金メダルでした。Kaggle以外だと、atmaCupで2回優勝、"RecSys Challenge2024"（ URL https://recsys.acm.org/recsys24/challenge）という国際学会のコンペで優勝しました。

―― **グラフニューラルネットワークが専攻だったとのことですが、コンペでも使用されますか。よく参加される種類のコンペはありますか。**

kami はい、グラフニューラルネットワークはたまにコンペでも使用します。よく参加するコンペについては、推薦系のコンペが好きだったのでできるだけ参加するようにしていました。新しいことをやるのも好きなので、他のタスクのコンペにも積極的に参加しています。コンペの選び方は、今開催中のコンペの中から期間的に1、2ヶ月ぐらいでちょうど良さそうなものを選んでいます。特に、自分が参加して勝てるイメージとまでは言わないですけど、勝つ可能性がありそうなものを中心に出ています。

——最近のコンペは機械学習だけではなく前処理や後処理で様々な最適化が求められるものも多い印象ですが、競技プログラミングの経験は活きているのでしょうか。

kami そうですね、必須ではないとは思いますが個人的には自分はやっていて良かったとは思っています。直接的に競技プログラミングを通して学んだことやアルゴリズムを使う機会というのはそこまでないのですが、ルールベースの処理や後処理などでベースとなるアルゴリズムの考え方やコードの書き方、コードを書く基礎体力的な部分では役に立っていると思います。

——複数回の優勝経験など輝かしい実績がおありですが、現在Kaggleを続けるモチベーションはどこにありますか。

kami 多分複合的な要因であるのですが、1つは技術研鑽です。それはKaggle Competitions Master、Kaggle Competitions Grandmasterなどの称号を得ることで自分の実績になるという側面も重要ですが、新しい技術を知ることができるというメリットが非常に大きいです。もう1つは、ゲーム性のようなこと、LBで順位が上がると嬉しいので、他では味わえない脳内物質の放出が、かなり大きな原動力になっている気はします。生きている感じがしますね。

コードやパラメータなどをできるだけ自分が認知しやすいように整理、テンプレート化したことでスタートダッシュも

——実験管理についてのお考えをお聞かせいただけますでしょうか。

kami 実験管理には、再現性のある実験を行えるようにするという側面と、結果の考察をやりやすくするという2つの側面があると思っています。再現性のある実験ができていると、前に行った実験の結果を、当時はうまくいかなかったものの、あとから見返して少し設定を変えてもう1回実験したい時に、すぐ参照できます。考察という点に関しては、前にやった実験管理を比較して、どの程度違いが出ているかを確認し、もし思ったより性能が上がらなかった場合にはその原因は何だろうと考えることができます。そのために実験管理が重要だと思います。

──**実験管理でうまくいかなかった、失敗談はありますでしょうか。**

kami　実験ごとの情報が様々な場所に散らばってしまうことがあります。例えば、コード本体とハイパーパラメータのファイルの保存先が離れた場所にあると、確認する時の移動の量が多くなり認知的な負荷がかかります。また、コード、自分の考えをまとめたもの、WandBの結果などプラットフォームが離れると、同じ１つの実験がつながっているはずなのですが管理がバラバラになってしまうという課題を感じることがあります。その他、テンプレートを整備する前は、実験ごとにパラメータをどのように変更したかが自分でもよくわからない状態になり、次の実験の方針を立てづらかったという経験がありました。

──**逆に実験管理がうまくいった点について教えて下さい。**

kami　テンプレートを作り始めたあたりから、前よりも実験管理がやりやすくなりました。まだ少し不満はあるのですが。ハイパーパラメータの定義ファイルを今はYAMLファイルで書いており、そのファイルと学習用のコード本体を昔はバラバラに置いていたのですが、１個のディレクトリにまとめて格納するようにしています。そこからは実験が回しやすくなりましたし、テンプレート化したことで、どのように管理するかを迷わなくなったので、コンペ開始時にスタートダッシュを切るためにも良かったと思います。

──**YAMLファイルやディレクトリ構成は参考にした基があるのでしょうか。**

kami　使用しているライブラリは業務を通して知ったものや他のKagglerの方に聞いたものを参考に使っていますが、ディレクトリ構成自体は特に参考にしたものはありません。やっていく中で自分のやりやすいようにカスタマイズしていきました。

タスクボードで実験管理。
複数のマシンでのコードの同期に GitHub を使用

——**実験管理に使用している具体的なツールやその用途についてお教えいただけますでしょうか。**

kami Notion と WandB を中心に使用しており、コードは GitHub で管理しています。Notion は主にタスク管理を中心に、今着手中のものやこれから着手したいもの、あとはコンペをやっている間でこの辺の資料を見ておこうという参考文献のリンクなどのメモに使っています。業務でも活用しており慣れていますしタスクボードなどを使える点が好きで使っています。WandB は実験を回す時にハイパーパラメータ含めて WandB に流して、あとで確認しやすくするために使用しています。 あと、GitHub は普段 GCP でインスタンスを立てて作業することが多く、複数のマシンでいろいろ作業することがあるため、その時のコードのシンクのために使っています。特にブランチを切って何かするなどはやっていません。

——**Notion でのメモについて、具体例を基に深掘りしてお聞きしても良いでしょうか。**

kami LEAP コンペの時のものを例に話します（図6.22）。まず TODO 管理は「未着手」、「進行中」、「完了」、あと「アーカイブ」などに分けて、思いついたことを「未着手」に積んでいきます。取り掛かる時に「進行中」に動かして、終わったら「完了」に移し、もういいかなと思ったら「アーカイブ」に入れるというようにやっています。ただ、コンペ後半になってくると面倒になり、あまり管理しなくなるということは結構ありますね。次にデータセットは、もともと与えられているデータがどのような意味なのかわかりづらかったため自分でメモを取るように書いています。その他、コンペに関連した論文などをまとめています。あと LEAP の時はやっていなかったのですが、最近は日記のように、この日はこういうことをしたということを書いています。

図6.22：kami氏のNotionでのTODO管理

―― タスクの優先度はどのように管理されていますか。

kami これは絶対やるべきだろうという優先度を振っている時もありますが、全部に振っているわけではなくて、その時々で結構変わりますね。実験の結果によっても次に何の実験をするかが変わりますので、流動的に変えていきます。

―― 完了とアーカイブの違いについてもお聞きできますでしょうか。

kami 読み直す可能性があるものは「完了」に置いています。ですので直近終わった実験は「完了」に置いておき、もういいかなと思ったら「アーカイブ」に移しています。

実験は大きく分けるとディレクトリごと、小さく分けるとYAMLファイルごとに管理

――実験ごとのコードやディレクトリはどのように管理されていますか。

kami コードの変更が起きるような実験はディレクトリごとに作っていて、その中のハイパーパラメータの調整とかで済むようなものはそのディレクトリ内にYAMLファイルを作ってその中で実験しています。ですので、大きく分けるとディレクトリごとなのですが、小さく分けるとそのYAMLファイルごとに実験が生まれている状態で、その実験の管理は完全にWandBに任せています。

――実験ごとの変更内容やCVはNotionにはまとめていないのでしょうか。

kami そうですね。ただ、これは個人的な反省なのですが、WandBだけ見ていてもどのような変更をしたかがわかりづらい時があり、最近はNotionにこれまでよりも多めに書こうと思っています。WandBも一応メモ欄がありますが、そこまで見やすいわけではないため、CV/LBをスプレッドシートのようにまとめてNotion上で書くということを最近はやろうとしています。

――YAMLはHydraでの管理でしょうか。

kami そうです。ベースとなるパラメータ設定ファイルに対して、部分的に上書きしたいことはよくありますが、すべての設定をコピペせずに、どこを変えたかという差分がわかりやすいことが利点だと思います。ただ、使いこなしているというわけではなくまだ試行錯誤しているところです。

――Hydraは機械学習モデルのハイパーパラメータだけではなく、推薦タスク等における候補生成など前処理などにも用いて管理していますか。

kami そうですね。タスクによりますが、一応同じように管理はしていますね。モデルの実験ディレクトリと同じように、前処理用のディレクトリを作っておいて、コードとあと前処理のパラメータ、例えば候補生成は50件なのか100件なのかというような指定もHydraで指定できるようにすることが多いですね。

——**実験管理に限らない話かもしれませんが、Kaggle コンペに取り組む時の流れについて教えていただけますでしょうか。**

kami　コンペはまずなるべく早めにベースラインを作るところから始めます。その後はDiscussionをたくさん読んで、いろいろ自分の中でアイデアが貯まってきて、仮説検証としてEDAをし、実装に反映したり実験したりします。

——**テンプレートのようなものがあるのでしょうか。**

kami　そうですね。最近出ているコンペは全部自作のテンプレートを使用しています。本当にどのようなタスクのコンペであっても使える実験管理のテンプレートでして、機械学習ライブラリのラッパーというより実験管理用のディレクトリ構成のようなものです。

実験は特徴的なものに絞って共有、
多様性を保つためにチームでのコード共有は慎重に

——**チームマージをする時にはどのようにチームで実験管理していますか。**

kami　最初にやるのは、評価方法をある程度揃えることです。どのようなCVの切り方でどのように評価をしているのかということをしないと、チームメイト間で実験結果の比較ができないので。ただ密に連携を取れるようなチームメイトならという但し書きがつきますが。あとCV/LB管理という面で言うと、スプレッドシートで共有することが多かったですね。全部の実験をそこに書き込むというよりも、ある実験に関してCV/LBがどうなっていたか、どのような変更を加えたかを書いて特徴的な結果をシェアする目的で実験管理をしていました。

——**チーム間でコードは共有されていますか。**

kami　共有する時と共有しない時、どちらもあります。細かくコードを共有すると参考にはなるのですが、多様性が失われるような気がして怖いと思う時もあります。

——**ソロとチームでの実験管理の違いはありますか。**

kami　やはり、メモの粒度でしょうか。

—— チームマージはどのようなことを考えて行っていますか。チームマージをコンペ中のどの時期で行うかなどもお聞かせ下さい。

kami 社内で楽しくワイワイやりたい時は最初からチームマージして、やる気を高めるということはあります。一方で、最初は一人で始めて「これいけそうだな」となる時が時々あり、そのような時は、LBで上位にいる人と途中でチームマージすることがあります。

時間とやる気が一番重要。
経験を積み重ねることでしか、さらに上にはいけない

—— 最後に本の読者、データサイエンス初学者/中級者の方へ向けたアドバイスがあればお願いいたします。

kami これは自戒を込めてなのですが、まずは信頼できる評価の仕方を作りましょう、と最初に言いたいです。実験管理をしたとしても評価が正確にできていないと意味が半減してしまうと思いますので、コンペごとに信頼できる評価の仕方を考えることが重要かと思います。金メダルの獲得は、コンペとの相性もあると思っていて、自分が「これはいける」という革新的なアイデアを1個思いついたら金メダル圏内に入れるコンペも時々あると思うんですよね。ただ基本的には、LEAPコンペもそうだったのですが、ニューラルネットバトルみたいなコンペは今までの経験とマシンリソースで勝敗が決まるような気がしています。ですので金メダルを目指すなら銀メダル圏内上位に入ることを繰り返すなど経験を積み重ねることでしか、さらに上には入れないとは思います。そのためには時間とやる気が一番重要です。Discussionは全部読むなど、みんなが当たり前にやっていることをちゃんとやって、思いついたアイデアを全部試す。これを繰り返していくうちに成長するのではないかと思っています。自分はそういう風に成長してきたと思いますし、まだまだ成長する余地が残っていると思っています。

INDEX

さ

著者プロフィール

髙橋 正憲（たかはし・まさのり）

大学院卒業後、通信系企業にてコンピュータビジョンの研究開発に従事。2023年に広告会社へ中途入社し、TVの視聴率予測、バナー画像のクリック率予測等のアルゴリズムを開発。Kaggle Competitions Expert。

篠田 裕之 （しのだ・ひろゆき）

大学院卒業後、広告会社にて、データ・テクノロジーを活用したマーケティング戦略立案、メディア・コンテンツ開発、ソリューション開発に従事。データを用いたTV番組企画立案・制作、レシピデータ分析に基づいた食品開発、GPS位置情報データを用いた観光マーケティングなどに従事。Kaggle Competitions Expert。

協力者プロフィール

坂本 龍士郎（さかもと・りゅうしろう）

大学院卒業後、広告会社にて、バナー広告のクリック率予測や広告効果シミュレーター作成、大学との共同研究などの業務に従事。Kaggleではテーブルデータや信号処理のコンペなど様々なジャンルに挑戦し金メダルを獲得。Kaggle Competitions Master。

装丁・本文デザイン ···· 大下 賢一郎

装丁・本文イラスト ···· オフィスシバチャン

DTP ···················· 株式会社シンクス

編集協力 ················· 坂本 龍士郎

校正協力 ················· 佐藤 弘文

目指せメダリスト！Kaggle実験管理術

着実にコンペで成果を出すためのノウハウ

2025年3月10日　初版第1刷発行

著　者 ·················· 髙橋 正憲（たかはし・まさのり）

　　　　　　　　　　　　篠田 裕之（しのだ・ひろゆき）

発行人 ·················· 佐々木 幹夫

発行所 ·················· 株式会社翔泳社（https://www.shoeisha.co.jp）

印刷・製本 ············· 株式会社ワコー

ISBN978-4-7981-8745-7
Printed in Japan